드론의 경관지형학, 제주

권동희

동국대학교 사범대학 지리교육과 졸업
동국대학교 대학원 지리학과 문학박사 지형학 전공
현재 동국대학교 사범대학 지리교육과 교수
저서로는 『자연지리학사전』(공저), 『지형도 읽기』, 『지리이야기』, 『한국의 지형』 등이 있음

드론의 경관지형학, 제주

초판 1쇄 발행 2017년 7월 31일

글/사진 권동희
펴낸이 김선기
펴낸곳 (주)푸른길
출판등록 1996년 4월 12일 제16-1292호
주소 (08377) 서울특별시 구로구 디지털로 33길 48 대륭포스트타워 7차 1008호
전화 02-523-2907, 6942-9570~2
팩스 02-523-2951
이메일 purungilbook@naver.com
홈페이지 www.purungil.co.kr
ISBN 978-89-6291-419-1 03980

© 권동희, 2017

드론활용
지리연구

제주

드론의 경관지형학

권동희

푸른길

머리말

구글이 선정한 세계 최고의 미래학자 토머스 프레이(Thomas Frey)는 머지않은 미래에 드론(drone)이 할 수 있는 일 192개를 발표했다. 여기에는 조기경보시스템, 긴급서비스, 뉴스, 배송, 비즈니스, 게임, 스포츠, 엔터테인먼트, 마케팅, 농업, 목장 경영, 경찰 활동, 스마트홈시스템, 부동산 관리, 도서관 이용, 군사 작전, 건강, 교육, 과학 연구, 여행, 로봇 이용 등이 포함된다.

미래학자들의 공통된 의견은 미래 사회에서 우리 생활의 많은 부분을 드론으로 처리할 수 있다는 것이다. 2014년 현재 세계드론시장의 규모는 7조 5천억 원이고 2023년에는 13조 5천억 원 이상으로 급성장할 것이라는 연구가 있으며 드론 조종사가 미래유망직업 베스트 5에 들어가 있다. 국내의 경우 19대 성장동력사업, 7대 신산업의 하나로 드론이 선정되었고 15곳의 드론산업시범업체를 선정하여 집중 지원하고 있다. 여기에 걸맞게 대학은 물론 고등학교 드론학과에서 드론 전문인력을 배출하기 시작했고 전공 커리큘럼에 드론 과목을 정식으로 개설해 강의하고 있는 대학도 점차 증가하고 있다. 바야흐로 드론의 시대가 열린 것이다.

토머스 프레이의 카테고리를 빌리면 지리학에서 드론을 이용할 수 있는 분야는 교육, 과학 연구, 여행 등이 될 것이다. 공간을 다루는 지리학 연구에 있어서 공간정보를 제공해 주는 현장사진은 필수조건이 된 지 오래되었으며 그동안 주로 '일반사진'과 '항공사진'이 폭넓게 활용되어 왔다. 그러나 이 두 사진이 태생적으로 갖고 있는 '시점(view) 및 시간(time)의 제한성'이라는 근본적인 문제점은 지리학자들이 해결해야 할 과제였고 그 해결방안을 찾기가 쉽지 않았다. 이러한 관점에서 주목하게 된 것이 바로 드론사진이다. 드론은 지금까지 그 어느 누구도 경험하지 못한 3차원 및 4차원의 생생한 공간정보를 실시간으로 제공해 주는 기능이 있기 때문이다.

드론사진은 지리학, 특히 지형학 분야에서 새로운 차원의 기능과 역할을 할 수 있을 것으로 기대된다. 자연상태로 존재하는 지형경관은 그 어느 지리경관보다도 접근성 면에서 많은 제약을 받는다. 이 말은 우리가 일상에서 관찰하는 지형경관은 실제 존재하는 경관의 극히 일부에 지나지 않으며 결국 우리는 상당 부분 왜곡된 사실을 보고 느끼고 또 기술한다는 것이다. 보이는 것만이

존재하는 것은 아니기 때문이다. 이러한 관점에서 드론 활용은 지형학 연구의 새로운 패러다임을 여는 데 획기적인 계기가 될 수 있다.

필자는 2016년 1학기 연구년을 제주도에서 보냈고 그 뒤로도 2017년 4월까지 네 차례 더 제주를 찾아 제주의 구석구석을 누볐다. 제주생활 동안 필자의 머릿속은 오직 드론 생각뿐이었다. 이 책은 드론의 눈으로 관찰한 제주도 지형에 대한 260일간의 기록이다. 처음에는 기존의 지형경관을 좀 더 새로운 시점에서 바라보고 싶은 단순한 호기심에서 시작했지만, 결과적으로는 평생 공부해 온 지형경관에 대한 나의 시선을 완전히 바꾸어 놓는 계기가 되었다. 미약하지만 이러한 시작이 지리학 연구 및 대중화에도 새로운 동기를 부여하는 전환점이 될 수 있기를 기원해 본다.

제주에 머무는 동안 여러분의 도움을 받았다. 특히 제주대학교 정광중 교수님, 손명철 교수님을 비롯한 지리교육과 여러 교수님들, 제주대학교 국제교류회관 고석범 선생님을 비롯하여 게스트하우스 관계자들께 지면을 빌어 다시 한 번 진심으로 감사를 드린다.

끝으로, 경제성 없는 책의 출판을 과감히 수락해 주신 푸른길의 김선기 사장님, 저자의 고집스런 의도를 충분히 반영하느라 애써 주신 편집부 이선주 선생님께 깊은 감사의 말씀을 드린다.

2017. 7.

권동희

차 례

I 드론의 이해

II 제주의 드론경관지형

제주시

서귀포시

I

드론의 이해

1. 드론의 개념

(1) 정의

① 일반적 정의

국립국어원에서는 2015년 5월 4일자 보도자료에서, 드론의 다듬은 말로 '무인기'를 선정하고 "조종사 없이 무선 전파의 유도에 의해서 비행 및 조종이 가능한 비행기나 헬리콥터 모양의 무인항공기"로 정의하였다(이강원 외, 2016). 이는 다른 정의들, 즉 '조종사가 탑승하지 않은 상태에서 지상에서의 원격조정 또는 사전에 입력된 프로그램에 따라 비행체 스스로 주위 환경을 인식·판단해 자율적으로 비행하는 비행체, 또는 이러한 기능의 일부나 전부를 가진 비행체계'(편석준 외, 2015), '사람이 탑승하지 않는 무인비행장치'(이희영·이정우, 2015) 등의 개념과 크게 다르지 않다.

② 한국에서의 항공법상 정의

한국에서 드론을 이용하는 데는 '항공법'의 적용을 받는데 이 항공법에는 '드론'이라는 개념은 존재하지 않고 '무인항공기'라는 말이 쓰인다. 그 정의는 '항공기에 사람이 탑승하지 않고 원격·자동으로 비행할 수 있는 항공기'로 되어 있다. 그러나 항공법에서의 무인항공기는 너무 광범위한 개념으로 우리가 언급하는 좁은 의미에서의 드론은 그 항공법에서 '초경량비행장치'에 해당한다. 크기로는 연료를 제외하고 본체 무게가 12kg 이하인 것을 말한다. 이 경우 상업적 목적이 아니라면 그 사용에 있어 법적 제재를 받지 않고 일반인들이 자유롭게 활용할 수 있다. 그러나 12kg이 넘는 경우는 각종 규제를 받고, 상업적 목적으로 사용할 경우는 조종사 면허도 발급받아야 한다. 규제 기준은 국가마다 달라서 중국은 7kg, 미국 및 유럽 대부분 국가는 25kg이다. 이 무게는 자체 비행 안정성 등을 고려한 것이다.

③ 사물인터넷과 드론의 관계

드론은 이미 우리 생활에서 최근 활발히 이용되고 있는 사물인터넷과 기술적 측면에서 그 속성을 같이한다. 사물인터넷의 4가지 요소는 센서, 네트워크, 서비스 인터페이스, 보안 등인데 드론은 여기에 '이동성'의 개념을 추가한 것이다.

(2) 드론의 특징과 용도

① 드론의 특징

드론의 장점은 일반 유인항공기의 인명 안전과 비행 허가와 관련된 각종 규제로부터 자유롭고 신속한 기동성과 경제성을 갖는다는 것이다. 또한 유인항공기가 접근하기 어려운 지역이나 장소까지 비교적 쉽게 접근하여 사진 촬영 등 다양한 활동을 할 수 있다는 점도 빼놓을 수 없는 장점이다. 이에 비해 단점은,

통신장애로 추락의 위험이 높고, 바람의 영향을 많이 받으며, 비행 시간이 상당히 짧고 카메라 및 렌즈 등 촬영장비 변경이 매우 제한적이라는 것이다(이희영·이정우, 2015).

② 드론의 용도

드론은 단점도 많지만 비용 대비 안정성과 휴대성이 뛰어나 다양한 분야에서 활용되고 있다. 초기에는 주로 군사적 목적으로 이용되기 시작했으나 지금은 취미활동, 사진 촬영, 운송 등 다양한 분야에서 그 이용이 시도되고 있다. 드론으로 촬영한 영상은 토지측량, 채석장 및 매립장, 원자력발전소의 입지 선정, 재난 구조 등에 실제로 활용된 사례가 있으며 앞으로는 그 활용 범위가 크게 확대될 것으로 기대되고 있다.

(3) 드론의 비행 원리

드론은 멀티로터(multirotor, 프로펠러)로 비행하는 것으로 그 비행 원리는 일반 헬리콥터와 같다. 항공기는 비행체에 대한 날개의 고정 여부에 따라 크게 고정익기와 회전익기로 구분되는데, 일반적인 항공기는 모두 고정익기이며 헬리콥터는 회전익기에 해당된다. 현재 우리가 말하는 드론은 그 개념상 고정익기와 회전익기 모두를 포함한다(편석준 외, 2015; 이희영·이정우, 2015).

① 고정익 드론과 회전익 드론

가. 고정익 드론

고정익 드론은 그 특성상 일단 이륙 후에는 안정적으로 비행할 수 있고 연료 소모가 적어 장기 체공에 유리하다. 따라서 정찰, 기상관측 등 상공에서 오래 머무르며 수행하는 업무에 적합하다.

나. 회전익 드론

회전익 드론은 프로펠러라고도 불리는 로터가 회전하면서 양력을 발생시켜 비행체를 뜨게 한다. 따라서 제자리에서 상승, 하강이 가능하다.

② 단일로터와 멀티로터

회전익기의 로터 수는 다양하게 구성되는데 로터 수에 따라 단일로터와 멀티로터로 다시 구분된다.

가. 단일로터

헬리콥터와 같은 단일로터는 하나의 메인로터와 또 하나의 테일로터로 구성된다.

나. 멀티로터

현재 우리가 말하는 드론은 일반적으로 멀티로터에 해당되며 로터의 수에 따라 쿼드콥터(quadcopter, 4익), 헥사콥터(hexacopter, 6익), 옥토콥터(Octocopter, 8익) 등으로 구분한다. 로터 수가 증가할수록 무게가 증가하고 비행 안정성도 높지만 부피가 크고 고가이므로 활용면에서는 많은 제한이 따른다. 이 중 일반인들이 가장 많이 이용하는 것은 쿼드콥터이다.

다. 쿼드콥터 드론

현재 시중에 판매되고 있는 대부분의 드론은 상대적으로 가성비가 높고 휴대가 용이한 쿼드콥터이다. 이 기종은 소형 카메라를 장착한 중소형 드론 기종에 채용되고 있고 그 특성상 산악이나 해외 촬영에 많이 쓰인다.

쿼드콥터는 단일로터에 비해 에너지 효율이 낮고 따라서 비행 시간이 짧은 것이 단점이다. 특히 4개 이상의 멀티로터는 비행체의 특성과 운영 목적상 동력원으로 배터리가 이용되고 있는데 현재의 기술 수준으로는 배터리 가용 시간이 최대 20분 내외이다. 그러나 이러한 단점에도 불구하고 일반적으로 접근하기 어려운 촬영 대상에 신속하게 근접해서 고화질의 사진을 촬영해 낼 수 있다는 장점으로 인해 그 활용도는 상당히 높은 것으로 인식되고 있다.

2. 드론사진 촬영과 활용

(1) 드론의 구성

드론은 사진 촬영에 사용 목적을 둘 경우 프레임, 짐벌, 카메라 등 3가지 시스템으로 이루어진다. 본체는 조종기를 통해 무선으로 통제되며 드론과 조종기 동력원으로는 배터리가 이용된다.

① 프레임
드론의 본체로서, 사진 촬영에 필요한 카메라, 배터리, 컨트롤러, 짐벌 등 각종 부품이 장착되는 기본 골격이다.
② 짐벌
움직이는 비행체인 프레임과 카메라를 유연하게 연결시켜 주는 장치이다. 이 장치는 카메라를 장착한 드론이 비행 중 기울어지더라도 자이로스코프를 이용하여 카메라 위치를 기울기에 맞게 이동시켜 흔들림 없이 사진을 촬영할 수 있게 해 준다. 고가형 드론 카메라 사용 시에 이 짐벌은 필수 장비가 된다.
③ 카메라
기종에 따라 고정식, 탈착식으로 구분된다. 고급 기종의 경우 지상 촬영용 DSLR 카메라를 탑재할 수 있는 것도 있지만 가격이 비싸 일반인들이 사용하기에는 적절하지 않고 대부분 고정식 소형 탈착식 카메라가 사용된다. 드론 카메라에 이용되는 대표적인 제품은 고프로사의 액션캠이다. 액션캠은 다양한 활동(스포츠, 레저 등) 중에 사용할 수 있는 작고 가벼운 카메라이다.
④ 조종기
드론 기체 자체는 물론 짐벌에 부착된 카메라를 원격조종하는 기기다. 최근 판매되는 조종기에는 스마

트폰 및 태블릿을 장착해서 와이파이를 통해 촬영을 원격 지원하고 촬영된 영상을 수신하는 기능이 추가되어 있다. 고가의 드론은 두 개의 조종기를 이용해 기체와 짐벌을 각각 조종함으로써 보다 안정적인 사진 촬영을 가능하게 한다.

⑤ 배터리

드론의 가장 취약한 부분이다. 그 무게의 제한 때문에 현재로서는 완전히 충전된 배터리 하나로 약 20분 내외 정도밖에 사용할 수 없다. 드론에는 리튬폴리머 배터리가 쓰인다.

(2) 드론의 제품들

현재 세계적으로 유통되는 드론 완제품 제조사는 중국의 DJI, 미국의 3D로보틱스, 프랑스의 패롯 등이다. 이 중 DJI는 매출과 판매량에서 세계드론시장의 약 60~70%를 차지한다(편석준 외, 2015). DJI사에서 판매되는 제품으로 일반인들에게 가장 널리 알려진 것이 팬텀 및 인스파이어 시리즈다. 이들 제품은 고성능 짐벌과 카메라가 기본적으로 장착되어 있고 1,200~1,400만 화소의 고화질 HD 및 UHD 동영상을 촬영할 수 있다. DJI 드론 중 가격 대비 성능(조작성, 사진의 품질 등)이 가장 뛰어난 것으로 알려진 것은 팬텀 3으로, 2015년 한 해 동안 국내에서 가장 많이 판매된 제품이다. 최근(2016.4.)에는 '장애물 회피 기능' 등이 추가된 신제품 팬텀 4가 출시되었다.

본서에서는 DJI 팬텀 시리즈 중 '팬텀3 프로페셔널'과 '팬텀4' 모델을 활용하였다.

(3) 법적인 제약

최근 드론산업의 활성화를 위해 규제를 대폭 완화했다고는 하지만 아직은 현실적인 제약조건이 많은 것이 사실이다. 법적인 제약은 아니라도 지방 행정단위별로 조례를 정해 지방자치단체기관들이 임의로 드론사진 촬영을 제한하고 있는 경우도 많다.

현재 일반인들이 자유롭게 드론을 띄우고 사진을 촬영할 수 있는 범위는 다음과 같다.

① 고도 150m 이내

② 비행금지구역 및 비행제한구역이 아닌 곳

③ 주간(일출 후~일몰 전)

④ 인구밀집지역이 아닌 곳

⑤ 목표물을 육안으로 확인할 수 있는 경우

다음의 경우는 사전에 비행 및 촬영 허가가 필요하다.

① 고도 150m 이상

② 비행금지구역 및 비행제한구역

(4) 기상 조건과 공간 확보

드론은 다른 비행체에 비해 상대적으로 크기가 작고 가볍기 때문에 기상적 제약을 많이 받는다. 사진의 품질을 따지기 이전에 촬영 자체가 불가능한 경우가 의외로 많다. 비나 눈이 오면 비행부터가 불가능하고, 기체마다 다르지만 일반적으로 초속 8m 이상의 바람이 불면 역시 비행을 자제해야 한다. 일정한 넓이의 이착륙 공간이 필요한데, 풍속 4m/s 정도 이하에서는 가로세로 각각 1m 정도의 공간만 있으면 되지만 5~8m/s의 바람이 불면 그 이상의 공간을 확보해야 안전하다. 주변에 높은 나무나 전봇대 등이 있을 경우에는 더 넓은 공간이 필요하다.

(5) 기술적 한계

드론사진 촬영에 사용되는 카메라는 고정식과 탈착식 두 가지로 구분된다. 중저가의 중소형 드론에서는 고정식, 고가의 대형 드론에서는 탈착식 카메라를 이용한다. 일반인들이 사용할 수 있는 보통의 드론은 모두 고정식 카메라를 사용하는데 이 카메라는 기본적으로 광각렌즈를 사용하고 줌 기능이 없는 것이 보통이다. 동영상의 경우 큰 문제가 없지만 일반 단사진 촬영에서는 결정적인 단점이 된다.

3. 지리학에서의 드론사진 효용성

지금까지 지리경관 연구에 보편적으로 사용된 사진은 대부분 일반사진(스틸사진)과 항공사진이었다. 항공사진은 주로 수직사진을 이용했지만 지역에 따라서는 부가적으로 제공되는 항공뷰도 매우 효과적으로 이용되는 경우가 있었다. 드론사진은 이들 항공사진과 기술적으로는 유사한 특성을 갖지만 사진 촬영의 근접성 및 현실성에 있어서는 큰 차이점이 있다. 이러한 측면에서 지리학에서의 드론사진 활용은 방법론적 차원에서 새로운 장을 열 수 있을 것으로 판단된다(권동희, 2016).

지리학적 측면에서 드론사진의 활용적 가치는 다음과 같이 정리된다.

① 드론은 그 특성상 지금까지와는 전혀 다른 새로운 관점에서의 지리사진을 촬영할 수 있는 도구다. 기존의 지리경관은 물론이고 물리적으로 접근하기 어려운 장소의 지리경관도 손쉽게 관찰하고 촬영할 수 있다. 이들 드론사진은 지리학 연구 및 지리교육, 응용지리학 등의 여러 분야에서 폭넓게 활용할 수 있다.

② 드론사진의 장점 중 하나는 초근접 촬영이 가능하다는 점이다. 이들 사진은 특히 지형경관을 다각적

인 관점과 시각으로 관찰할 수 있게 해 주며 이를 통해 해당 지형경관의 구체적인 특징을 파악할 수 있는 것은 물론 복잡한 성인까지 해석하고 설명할 수 있게 해 준다.

③ 드론사진은 그 자체가 상당히 흥미롭고 신선한 느낌을 주는 학습자료가 된다. 이를 현장수업 및 학습교재에 적극 활용할 경우 지리 학습 효과를 증대시키는 것은 물론 지리를 대하는 학생들의 태도를 근본적으로 변화시킬 수 있는 계기가 될 수 있다.

④ 드론에는 실시간 동영상 모니터링 기능이 있다. 이러한 기능을 야외 학습활동에 적절히 활용한다면 지금까지의 현장답사 패러다임을 새롭게 바꿀 수 있고 이를 통해 더욱 흥미롭고 효율적인 지리학습이 이루어질 수 있다.

⑤ 드론으로는 호버링(hovering, 제자리비행) 상태에서 360도 파노라마 사진을 촬영할 수 있다. 이렇게 촬영된 지리사진은 최근 이슈가 되고 있는 증강현실(AR) 분야에서 다양하고 색다른 콘텐츠 재료로 활용될 수 있다.

⑥ 지리학 관점에서 특화된 드론사진을 체계적으로 연구하고 이를 바탕으로 다양한 분야의 요구에 대응하는 구체적인 콘텐츠를 개발, 보급한다면 지리학 대중화의 품질을 한 단계 더 끌어올리는 좋은 계기가 될 것이다.

⑦ 지리학 대중화에 있어 최근 각광을 받는 주제 중 하나가 '지오투어리즘'이다. 다양한 시점(視點)에서 촬영된 드론사진은 지오투어리즘의 콘텐츠를 구성하는 신 개념의 스토리텔링을 제작하는 데도 적지 않은 기여를 할 것이다.

Ⅱ
제주의 드론경관지형

서귀포 보목해안에서 바라본 한라산

2016.5.16. 오후 3:14, 위도 33.17.36, 경도 126.09.40, 지표고도 130m

제주도의 대표 지형은 화산지형이며 그 밖에 해안지형, 하천지형, 습지지형 등이 분포한다. 이들 지형 중 현행 항공법상 몇 가지 사항만 준수한다면 큰 제약을 받지 않고 드론으로 사진을 촬영할 수 있는 대표적인 경관이 72개 사이트이다. 이 중 31개가 제주시에, 41개가 서귀포시에 분포한다.

제주의 드론경관지형

위치			지형경관	인접 올레길	키워드	비고
제 주 시	한경면	고산리	수월봉	12	수성화산, 응회환, 외륜산	1
			당산봉과 생이기정해안	12	수성화산, 응회구, 분석구, 이중화산, 단성화산, 단성복식화산, 해식동, 타포니, 토르	2
			와도	12	무인도, 주상절리	3
			차귀도	12	무인도, 수성화산, 응회구, 분석구, 해식동, 화산암경	4
	한림읍	금능리	금능원담	14	원담, 갯담, 자갈해빈	5
		협재리	비양도와 비양봉	14	분석구, 스코리아콘	6
			비양도 애기업은돌	14	호니토, 용암기종, 파호이호이 용암, 승상용암	7
			비양도 펄랑못	14	염생습지, 기수습지	8
			비양도 코끼리바위	14	시스택, 시아치, 해식와지	9
	애월읍	봉성리	새별오름	14-1	단성화산, 분석구, 스코리아콘	10
	조천읍	북촌리	다려도	19	무인도, 현무암, 튜물러스, 용천대	11
		선흘리	선흘곶자왈동백동산습지	19	곶자왈, 아아용암, 괴상용암, 먼물깍, 람사르습지	12
	구좌읍	김녕리	입산봉	20	단성화산, 공동묘지오름	13
		한동리	튜물러스해안	20	튜물러스, 승상용암, 치약구조, 주상절리	14
		하도리	무두망개	20	암석해안, 원담, 갯담, 튜물러스	15
			멜튼개	21	원담, 갯담, 튜물러스, 빌레	16
			토끼섬	21	무인도, 여, 튜물러스, 육계사주	17
		세화리	다랑쉬오름	20	단성화산, 화산쇄설구, 분석구, 스코리아콘	18
			아끈다랑쉬오름	20	기생화산, 분석구, 초경량비행장치공역, 지오글리프	19
		종달리	용눈이오름	21	분석구	20
			돌청산불턱	21	자연불턱, 암석해안, 시스택, 해식와지	21
			고망난돌불턱	21	자연불턱, 시아치	22
			동그란밭불턱	21	자연불턱, 몽돌해변, 자갈해빈, 원마도	23
			벳바른불턱	21	자연불턱, 해식와지	24
			엉불턱	21	자연불턱, 시스택, 해식와지	25
	우도면	연평리	우도 소머리오름	1-1	응회구, 분석구, 용암대지, 용암삼각주	26
			우도 검멀래해안과 동안경굴	1-1	검은모래해빈, 응회암, 새끼줄용암, 해식동	27
			우도 후해석벽	1-1	해식애, 해식와지, 시스택	28
			우도 주간명월	1-1	해식애, 해식동굴, 해식와지	29
			우도 돌칸이해안	1-1	검은자갈해빈, 용암연, 소머리현무암, 톨레이아이트질 현무암	30
		서광리	우도 홍조단괴해빈	1-1	홍조류, 홍조단괴, 해빈, 사빈, 자갈해빈	31
서 귀 포 시	성산읍	성산리	성산일출봉	1	신양리층, 응회구, 환상단층, 응회암재동층, 스패터콘, 육계도, 해식와지, 슬럼프	32
		고성리	광치기해변	1	육계사주, 육계도, 신양리층, 해안사구	33
		신양리	신양리층	2	해저퇴적층, 마린포트홀, 자연교, 시아치	34
			섭지코지해변	2	육계사주, 육계도, 해안사구	35
			붉은오름과 선돌	2	분석구, 시스택, 화산암경, 스트롬볼리식 분화, 용암삼각주	36
			섭지코지 용암벽	2	용암수로, 용암벽, 용암제방	37

위치		지형경관	인접 올레길	키워드	비고
표선면	표선리	표선해비치해변	3-A	사빈, 모래갯벌, 패사해빈	38
남원읍	남원리	남원 큰엉해안경승지	5	해식애, 해식와지, 해식동, 해안단구, 튜물러스, 태흥리현무암	39
	하효동	쇠소깍	5	용천, 소, 협곡, 두부침식, 포트홀	40
서귀포시	보목동	섶섬	6	무인도, 돔상화산체, 해식애, 파식대, 토르, 타포니	41
		소천지	6	조수웅덩이, 환상구조, 토르, 타포니	42
	토평동	소정방폭포	6	폭포, 주상절리, 해식애, 해식동	43
	동홍동	정방폭포	6	폭포, 해식애, 주상절리, 서귀포층, 엔태블러처	44
	천지동	천지연폭포	7	폭포, 두부침식, 협곡, 폭호, 하식동, 모래톱, 하중도	45
		서귀포층	7	천해성퇴적층, 엽리구조, 서귀포조면암	46
	서귀동	문섬	7	무인도, 용암돔, 방사상주상절리, 시스택	47
	호근동	하논분화구	7	마르, 이중화산체, 응회환, 용암연	48
	서홍동	황우지해안	7	해식동굴, 조수웅덩이, 해식와지	49
		외돌개	7	시스택, 해식와지, 해안단구	50
	법환동	범섬	7	무인도, 주상절리, 해식동굴	51
	강정동	서건도	7	간조육계사주, 육계도, 자갈해빈, 자갈갯벌	52
		냇길이소	7	소, 두부침식, 폭포, 경사급변점, 용천, 포트홀, 나마, 하중도, 자갈톱	53
		엉또폭포	7	폭포, 단층, 두부침식	54
	중문동	대포주상절리대	8	수직주상절리, 경사주상절리, 클링커층	55
		천제연폭포	8	지하수폭포, 폭호	56
	색달동	갯깍주상절리대	8	주상절리, 사력해빈, 해안단구	57
		들렁궤	8	해식애, 해식동굴, 해식동문	58
		제주1100고지습지	8	산지습지	59
	예래동	조수웅덩이	8	조간대, 조수웅덩이	60
안덕면	대평리	박수기정	9	해식애, 해안단구, 주상절리	61
	화순리	복합포켓비치	10	포켓비치, 헤드랜드, 검은모래해빈	62
	사계리	용머리해안	10	응회환, 해식애, 파식대	63
		산방산	10	안산암, 용암원정구, 토르, 암괴류	64
		단산	10	응회구, 화산골격, 토르	65
		하모리층	10	사람발자국화석, 송악산 응회환, 스멕타이트, 광해악현무암, 나마, 마린포트홀, 그루브	66
		형제섬	10	무인도, 주상절리, 자갈해빈, 사력해빈	67
대정읍	상모리	송악산	10	단성복식화산, 응회환, 분석구, 용암연, 소분석구, 스코리아마운드	68
	하모리	하모리해안	10	주상절리, 하모리층, 환상구조, 풍화각	69
	가파리	가파도	10-1	유인도, 조면안산암, 심층풍화층, 구상풍화, 핵석, 토르, 타포니	70
	마라리	마라도	10-1	안산암, 해안단구, 직선해안, 해식동, 시아치, 해식와지, 해식애, 토르	71
	신도리	도구리알해안	12	조수웅덩이, 환상구조, 주상절리, 파식대	72

01 수월봉

위치 제주시 한경면 고산리
☞ 올레길 12코스, 수월봉 지질트레일 A코스/엉알길

키워드 수성화산, 응회환, 외륜산

경관 해석

수월봉은 고산평야 서쪽 해안에 솟아 있는 구릉성 화산체로서 그 정상에는 고산기상대와 전망대가 있다. 이곳의 최대 볼거리는 오름 북서쪽 해안절벽지대에 발달한 거대한 화산쇄설층이다. 이는 화산재가 겹겹이 쌓여 만들어진 퇴적층으로 그 학술적 가치를 인정받아 천연기념물(513호) 및 제주도세계지질공원의 12개 지질명소[1] 중 하나가 되었다.

수월봉은 지형학적으로 **수성화산**[2]에 속하며 그중에서도 **응회환**[3]에 해당된다. 보통 '수월봉 응회환 화산체'로 부르는데 약 18,000년 전(제주도세계지질공원, 2016) 얕은 바닷속에서 만들어졌다. 지금은 오랜 세월 동안의 풍화와 침식작용으로 응회환 화산체 원래 모습은 대부분 사라지고 분화구 **외륜산**[4]의 일부만 남아 있는 상태다. 우리가 현장에서 볼 수 있는 화산쇄설층은 바로 그 흔적 중 하나일 뿐이다.

수월봉 북쪽 해안으로는 와도와 차귀도가 있다. 일부 학자들은 수월봉-와도-차귀도 지실이섬을 잇는 해역이 과거 '수월봉 응회환 화산체'였을 것으로 추정하기도 한다. 차귀도 지실이섬의 퇴적층 구조가 수월봉 지층 경사와는 반대 방향으로 약 15도 정도 기울어져 있는 점이 그 증거라는 것이다. 이 가설이 맞는다면 수월봉 응회환의 직경은 약 2km가 된다(윤성효, 2010). 우리 눈에 보이는 것만이 세상의 전부는 아니라는 것을 새삼 확인할 수 있는 수월봉 현장이다.

---

1. 지질명소 : 제주도세계지질공원을 구성하는 12개 핵심지역으로 지오사이트라고도 한다. 한라산, 만장굴, 성산일출봉, 서귀포층, 천지연폭포, 대포주상절리대, 산방산, 용머리해안, 수월봉, 우도, 비양도, 선흘곶자왈 등이 있다.
2. 수성화산 : 마그마가 물과 접촉하여 폭발성 분화를 일으켜 만들어진 화산으로 화산체에 비해 화구가 상당히 큰 것이 특징이다. 이렇게 탄생한 수성화산체가 제주도에 약 100여 개 되는 것으로 추정하고 있다.
3. 응회환 : 수성화산에서는 강력한 폭발에 의해 만들어진 화산재(응회)가 화구 주변에 겹겹이 쌓이게 되는데 그 모양에 따라 절구 모양의 응회구와 접시 모양의 응회환으로 구분된다. 독일 지방에서 유래된 마르라는 용어가 응회환과 유사한 개념으로도 쓰인다.
4. 외륜산 : 분화구 바깥쪽 경계를 둘러싸고 있는 환상의 능선을 말한다.

수월봉 화산쇄설층

일반인들에게 익숙한 수월봉 경관이다. 사진 좌측에 탄낭 구조도 보인다. 여행자들은 이 경관을 수월봉의 본모습으로 잘
못 생각하는 경우가 많다. 이 구도의 경관은 지상에서 일반 카메라로도 어느 정도까지는 촬영이 가능하다. 그러나 드론
으로 촬영 고도를 현장 지표면에서 2~3m만 높여도 이 사진처럼 일반 카메라로는 표현되지 않는, 느낌이 전혀 다른 경관
이미지를 얻을 수 있다.

2016.5.16. 오후 3:35, 위도 33.17.56, 경도 126.10.03, 지표고도 2m

수월봉 응회환 구조

드론의 고도를 더 높이고 고산기상대 남쪽으로 이동해 보면 전혀 다른 수월봉이 관찰된다. 수월봉은 고산평야 해안가에 솟아 있는 작은 오름인데 정상에 고산기상대가 있다. 사진의 우측에 농경지로 이용되는 고산평야가 뚜렷하게 보인다. 고산은 제주도에서 가장 넓은 평야지대로 무, 양배추, 마늘 등 다양한 밭작물이 재배된다.

수월봉의 응회환 구조는 고산기상대 남쪽 해안으로 눈을 돌리면 더 확실히 관찰된다. 사진 왼쪽 바닷속 어딘가가 과거 수월봉 화산체의 중심 분화구였을 것으로 추정하고 있는데, 그 증거 중 하나가 사진에 보이는 화산회 퇴적층 구조다. 퇴적층이 좌측에서 우측으로 약 15도 경사져 있다. 경사 사면을 이용한 계단식 경작지도 매우 흥미로운 풍경이다. 기상대가 있는 오름 정상부를 경계로 북쪽과 남쪽으로 갈수록 화산쇄설물퇴적층 두께가 얇아지고 경사도 완만해지는 것을 한눈에 관찰할 수 있다. 멀리 뒤쪽 왼쪽에 와도와 당산봉이 보인다. 당산봉 왼쪽 끝자락까지가 과거 수월봉 응회환의 분화구 경계였을 것으로 추정하고 있다.

2016.5.16. 오후 6:22, 위도 33.17.20, 경도 126.09.39, 지표고도 40m

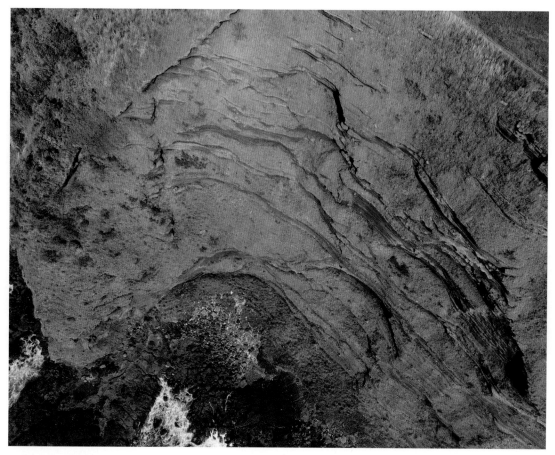

수월봉 화산쇄설층

수월봉은 바다 한가운데서 태어난 수성화산체이다. 지금은 그 본모습이 사라졌지만 화산쇄설층의 특징을 통해 과거 화산체 윤곽을 어느 정도 짐작해 볼 수 있다. 사진에서 보는 퇴적층은 바다 쪽으로 급경사를 이루고 있는데 내륙 쪽으로 완경사를 이루는 것과는 대조적이다. 급경사의 바다 쪽에 화구가 있었을 것으로 추정할 수 있다.

2016.5.16. 오후 3:44, 위도 33.17.42, 경도 126.09.46, 지표고도 20m

수월봉과 차귀도

수월봉 정상에서 바라본 차귀도 지실이섬(좌측)과 와도, 당산봉(우측) 경관이다. 수월봉 응회환 화산체의 분화구는 이들을 연결하는 환상의 고리 한가운데(사진의 중앙 바다)에 위치했을 것으로 추정된다.

2017.4.22. 오전 9:53, 위도 33.17.28, 경도 126.09.42, 지표고도 140m

차귀도 지실이섬

차귀도 남서쪽 해안에 있는 차귀도 부속섬이다. 이 섬은 응회암 퇴적층이 차귀도 쪽으로 약 15도 정도 기울어져 있는데 이 경사 방향이 수월봉의 것과 반대 방향인 것을 들어 수월봉과 지실이섬의 한가운데가 과거 수월봉 응회환의 중심 분화구였을 것으로 보고 있다.

2016.7.15. 오전 9:22, 위도 33.18.25, 경도 126.09.09, 지표고도 80m

제주의 화산지형(권동희, 2012, 저자 재작성)

구분				대표 지역
동굴	용암동굴			만장굴
	위종유굴			용천동굴, 황금굴, 당처물동굴
화산	복성화산(하와이형 순상화산)			한라산
	단성화산	화산쇄설구	분석구	스코리아콘	6.비양도 비양봉, 10.새별오름, 13.입산봉, 18.다랑쉬오름, 19.아끈다랑쉬오름, 20.용눈이오름
				스코리아마운드	68.송악산
			스패터 콘		32.성산일출봉
			수성화산	응회구	32.성산일출봉, 65.단산
				응회환(마르)	1.수월봉, 48.하논분화구, 63.용머리해안
			이중화산(복식화산)	응회환+분석구	2.당산봉, 48.하논분화구, 68.송악산, 두산봉
				응회구+분석구	26.우도소머리오름
				응회구+응회환	65.단산
		용암원정구(용암돔)			41.섶섬, 47.문섬, 64.산방산
		아이슬란드형 순상화산			모슬봉
화구	분화구			68.송악산
	함몰화구			산굼부리
	화구호	복성화산 화구호		백록담
		단성화산 화구호		물영아리오름, 물장오리오름, 물찻오름, 사라오름, 어승생오름, 동수악, 금오름
용암대지(용암삼각주)				2.당산봉과 생이기정해안, 26.우도소머리오름, 36.붉은오름과 선돌
용암미지형	주상절리			43.소정방폭포, 44.정방폭포, 47.문섬, 51.범섬, 55.대포주상절리대, 57.갯깍주상절리대, 61.박수기정, 67.형제섬, 69.하모리해안, 72.도구리알해안
	호니토			7.비양도 애기업은돌
	튜물러스			11.다려도, 14.한동리 튜물러스 해안 15.하도리 무두망개, 16.하도리 멜튼개
	용암벽			37.섶지코지 용암벽
	승상용암(새끼줄용암)			27.우도 검멀래해안과 동안경굴
	화산암경			36.붉은오름과 선돌, 65.단산
	치약구조			14.한동리 튜물러스해안
	엔태블러쳐			44.정방폭포
	용암연			30.우도 돌칸이해안, 48.하논분화구, 68.송악산
	클링커층			55.대포주상절리대

02 당산봉과 생이기정해안

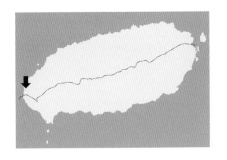

위치 제주시 한경면 고산리, 용수리
☞ 올레길 12코스, 수월봉 지질트레일 B코스

키워드 수성화산, 응회구, 분석구, 이중화산, 단성화산, 단성복식화산, 해식동, 타포니, 토르

경관 해석

당산봉은 제주의 대표적 **수성화산** 중 하나로 구체적으로는 **응회구**[1]로 분류된다. 당산봉의 가장 큰 특징은 응회구 안에 또 다른 기생화산체인 **분석구**[2]가 존재한다는 점인데 이러한 형태를 **이중화산**체라고 한다. 분화구는 보통 원형 내지 타원형인 것이 일반적인데 당산봉 분화구는 독특하게도 분화구 북쪽이 U자 형태로 열려 있는 개방형 화산체이다. 이는 응회구 형성 뒤에 2차 분출한 현무암질 용암이 북쪽 분화구 벽을 뚫고 흘러나갔기 때문이다. 이와 유사한 형태의 오름이 우도 소머리오름이다. 당산봉은 당오름으로도 불린다.

당산봉 같은 화산체를 **단성복식화산**으로 정의하기도 한다. **단성화산**이란 하나의 화산체 내에서 휴지기를 갖지 않고 연속적으로 일어난 1회성 분출에 의해 형성된 화산을 말한다(황상구, 2001). 이때 연속적인 화산분출에 의해 서로 다른 경관의 소규모 화산지형이 한 장소에 공존하게 되는데 이를 복식 혹은 복합화산이라고 한다. 따라서 두 개념을 종합해서 표현하면 단성복식화산 혹은 단성복합화산이 되는 것이다.

당산봉의 경우 그 자체보다는 고산리에서 용수리 쪽으로 이어지는 당산봉 북서쪽 해안에 발달한 다양한 지형경관이 더 볼거리다. 이곳은 생이기정해안으로 불리는데, 생이는 새, 기정은 절벽이라는 뜻이다. 풀이하자면 새들이 날아드는 절벽지대인 셈이다. 이 해안은 화산체가 해안가에 바로 인접해 있어 화산퇴적이 뚜렷하게 보이고 이들 지질구조를 직간접적으로 반영한 **해식동, 타포니**[3], **토르**[4] 등 다양한 해안침식지형, 풍화지형이 발달해 있다. 특히 '독립문' 형태의 해식동은 아주 독특한 풍경이다.

---

1. 응회구 : 해저에서 폭발한 수성화산 중 화산체에 비해 분화구가 상대적으로 크면서 절구 형태를 하고 있는 것을 말한다. 분화구의 최고높이 : 최대넓이의 비가 1:9~1:11 정도이면 응회구(Heiken, 1971)라고 하는데 당산봉은 그 비가 1(148m):10(1,410m) 정도이므로 응회구에 해당된다(황상구, 1998). 응회구는 응회환과 함께 일반적인 분석구와는 다른 형태적 특성을 갖는 기생화산체로서 제주도에서는 주로 해안을 따라 약 10여 개가 분포한다(고정선 외, 2007b, 재인용).
2. 분석구 : 폭발성 화산분화에 의해 분출된 화산쇄설물이 화구 주변에 쌓여 만들어진 오름이다. 대부분 원추형을 이루는 것이 특징인데 여기 쌓인 쇄설물을 분석 혹은 화산송이라고 부른다. 제주의 대부분 기생화산들은 이에 속한다. 약 55만 년 전부터 최근까지 수백여 개의 분석구가 만들어졌고 현재 제주도에서 관찰되는 것은 370여 개에 달한다.
3. 타포니 : 차별적 풍화작용에 의해 만들어진 동굴 형태의 구멍이다.
4. 토르 : 차별적 풍화작용에 의해 기반암 위에 우뚝 서 있는 돌기둥이나 탑 모양의 독립성이 강한 바위를 말한다.

당산봉과 생이기정해안

용수리 쪽에서 바라본 경관이다. 오름이 바닷가에 인접해 있을 경우 파도의 침식에 의해 그 지층이 드러나게 되고, 이들 지층을 그대로 반영한 해안지형경관이 뚜렷하게 관찰된다.

2017.4.22. 오후 3:07, 위도 33.18.57, 경도 126.09.51, 지표고도 145m

2017.3.26. 오후 1:09, 위도 33.18.30, 경도 126.10.23, 지표고도 145m

2017.3.26. 오후 1:04, 위도 33.18.55, 경도 126.10.11, 지표고도 120m

당산봉 응회구와 분석구

당산봉 응회구는 그 안에 또 다른 화산체인 분석구가 존재하는데 이 같은 형식을 이중화산 혹은 단성복식화산체라고 한다. 비교적 완경사인 분석구는 경작지와 묘지로 활용되고 있다.

당산봉 북쪽 경관

당산봉은 북쪽으로 U자 형태로 열린 응회구 화산체이다. 응회구 형성 이후 분출한 현무암질 용암이 북쪽 분화구를 통해 흘러나와 완경사의 용암삼각주 혹은 용암대지 형태의 지형을 만들었다. 사면은 경작지로 이용되는데 완만한 경사를 반영하여 장방형의 계단식으로 조성되었다. 오른쪽 해상에 보이는 것이 와도와 차귀도이다.

2017.3.26. 오후 12:35. 위도 33.19.10. 경도 126.10.23. 지표고도 80m

지층구조를 반영한 해식동 1

같은 해안이지만 지층구조의 특징에 따라 해식동의 형태가 달라지고 있음을 전형적으로 보여 주는 경관이다. 사진 왼쪽에서 오른쪽으로 가면서 해식동의 형태는 정사각형의 각진 구조에서 점차 불규칙하게 일그러진 모양으로 바뀌어 간다. 정면에 보이는 곳의 지층구조는 수평에 가까운 반면, 사진 우측 끝부분부터는 경사층으로 바뀌고 있다.

2016.8.21. 오후 5:47. 위도 33.18.50. 경도 126.09.57. 지표고도 57m

당산봉 남서쪽 지층구조

경사진 이 지층구조가 생이기정해안까지 연장되면서 해안지형 발달에 직접적인 영향을 주고 있다.

2016.8.21. 오후 5:51. 위도 33.18.40. 경도 126.09.56. 지표고도 115m

2016.8.21. 오후 5:47. 위도 33.18.50. 경도 126.09.57. 지표고도 57m

2016.8.21. 오후 5:48. 위도 33.18.46. 경도 126.09.55. 지표고도 18m

지층구조를 반영한 해식동 2

왼쪽 사진의 해식동은 마치 '독립문 바위'를 연상케 한다. 칼로 자른 듯한 해식동의 윤곽이 매우 인상적이다. 사진에서 보듯이 수평퇴적층과 2차적으로 발달한 수직절리가 서로 교차하면서 이곳을 따라 차별풍화와 침식이 일어난 결과다. 용수리 쪽에서 바라본 오른쪽 사진에서는 지층구조를 반영하여 해식동의 형태가 아치 형태로 바뀌었다.

풍화지형 경관

다양한 해안침식지형과 함께 타포니, 토르와 같은 풍화지형도 관찰된다.

2016.8.21. 오후 5:42, 위도 33.18.53, 경도 126.09.59, 지표고도 78m

타포니 경관

화산퇴적암층에 발달한 특이한 형태의 타포니다. 보통 타포니는 기반암의 지층구조를 반영하는 것이 일반적인데 이곳에서는 수평의 응회암 퇴적층 구조를 완전히 무시하고 상하 방향으로 타포니가 성장하고 있다. 이는 이 해안 일대에 발달한 수직절리 구조를 우선적으로 반영하고 있기 때문인 것으로 생각된다.

2016.8.21. 오후 5:42, 위도 33.18.53, 경도 126.09.59, 지표고도 78m

토르 경관

화산성 퇴적암 기반암에서 관찰되는 특이한 형태의 토르 경관이다.

2016.8.21. 오후 5:42, 위도 33.18.53, 경도 126.09.59, 지표고도 78m

제주의 해안지형(권동희, 2012, 저자 재작성)

구분			대표 지역
해빈	사빈	검은모래해빈	27.우도 검멀래해안과 동안경굴, 62.화순리 복합포켓비치
		패사해빈	38.표선해비치해변
		홍조단괴해빈	31.우도 홍조단괴해빈
	자갈해빈		23.동그란밭불턱, 30.우도 돌칸이해안, 52.서건도, 67.형제섬
	사력해빈		57.갯깍주상절리대, 67.형제섬
사주	육계사주		17.토끼섬, 33.광치기해변, 35.섭지코지해변
	간조육계사주		52.서건도
	육계도		32.성산일출봉, 35.섭지코지해변, 52.서건도
암석해안	해식애		28.우도 후해석벽, 43.소정방폭포, 44.정방폭포, 57.갯깍주상절리대, 58.들렁궤, 61.박수기정, 63.용머리해안, 71.마라도
	파식대		63.용머리해안
	해식와지		21.돌청산불턱, 24.벳바른불턱, 29.우도 주간명월, 32, 성산일출봉, 39.남원 큰엉해안경승지, 49.황우지해안, 50.외돌개, 71.마라도
	해식동		2.당산봉과 생이기정해안, 27.우도 검멀래해안과 동안경굴, 29.우도 주간명월, 43.소정방폭포, 51.범섬, 58.들렁궤, 71.마라도
	시스택		25.엉불턱, 28.우도 후해석벽, 36.붉은오름과 선돌, 47.문섬, 50.외돌개
	시아치		22.고망난돌불턱, 34.신양리층, 71.마라도
	조수웅덩이		42.소천지, 49.황우지해안, 60.예래동 조수웅덩이, 72.도구리알해안
	마린포트홀		34.신양리층, 66.사계리 하모리층
퇴적층	서귀포층		44.정방폭포, 46.서귀포층
	하모리층		66.사계리 하모리층, 69.하모리해안
	신양리층		33.광치기해변, 34.신양리층, 35.섭지코지해변
해안사구			33.광치기해변, 35.섭지코지해변
해안단구			50.외돌개, 57.갯깍주상절리대, 61.박수기정, 71.마라도

03 와도

위치 제주시 한경면 고산리
☞ 올레길 12코스

키워드 무인도, 주상절리

경관 해석

차귀도와 제주 본섬 사이에 끼어 있는 **무인도**[1]로서 제주의 50개 무인도 중에서는 이용 가능한 섬으로 분류되어 있다. 와도는 이웃한 차귀도의 부속섬으로 취급하는 경우가 있지만, 섬의 지질이나 지형경관을 고려했을 때 독립된 하나의 화산체로 보는 것이 옳은 듯하다. 둘을 비교해 보면 차귀도는 평탄한 해안단구 모습을 하고 있는 데 반해 와도는 풍화가 상당히 진행되어 해체되기 직전의 경관이 나타나고 있다. 이것으로 보아 두 섬의 뿌리는 다르다는 생각이 든다. 또한 와도에서는 쇄설성 화산퇴적암 위에 국지적으로 고립된 주상절리 경관이 이색적인데 이러한 경관은 차귀도에서는 나타나지 않는다.

와도는 사람이 옆으로 누워 있는 형태의 섬이라는 뜻이다. 모든 지형경관이 그렇듯이 어떤 각도, 고도에서 보는가에 따라 그 모습은 전혀 딴판인데, 섬이 행정적으로 속해 있는 고산리가 아닌 용수리 쪽에서 보아야 그 이름이 실감난다.

용수리 쪽에서 바라본 와도

지형경관은 어느 각도에서 보느냐에 따라 전혀 다른 모습으로 눈에 들어오는데 드론사진에서는 이러한 사실을 실감하게 된다. 섬 이름에 걸맞게 사람이 누워 있는 모습이 뚜렷하게 잡힌다.

2016.8.7. 오전 11:07, 위도 33.18.51, 경도 126.09.44, 지표고도 135m

---

1. 무인도 : 제주도 내에는 50개의 무인도가 있다. 이들은 절대보전 섬(사수도, 절명서), 준보전 섬[엄섬, 수령여, 다무내미, 보론섬, 섬생이, 작은관탈, 큰관탈(화도), 숲섬, 문섬, 제2문섬, 범섬, 제2범섬, 제2형제도], 이용 가능 섬(토끼섬, 차귀도, 죽도, 와도, 형제도, 수덕도 등), 개발 가능 섬(다려도) 등으로 구분된다.

와도

용수리 쪽에서 고산리 쪽을 바라본 경관이다. 바로 앞쪽의 큰 섬이 와도이고 왼쪽 뒤가 당산봉, 멀리 오른쪽 해안가 등대가 있는 곳이 수월봉이다. 차귀도는 와도 오른쪽에 위치한다. 제주의 대표적 수성화산체 중 하나인 '수월봉 응회환 화산체'의 분화구는 와도와 수월봉 사이 바다 한가운데에 존재했을 것으로 추정하고 있다.

2016.8.7. 오전 11:24, 위도 33.18.48, 경도 126.09.34, 지표고도 95m

와도 정상부의 주상절리

와도는 아주 독특한 암석학적 특징을 갖고 있다. 사진에서 보듯이 전체적으로 용암과 부석층이 섞여 있는 기반암 위에 다시 주상절리 덩어리가 능선부에 살짝 올라앉아 있다. 이러한 특징은 이웃한 차귀도와는 전혀 다른 양상이다.

2016.8.7. 오전 11:13, 위도 33.18.44, 경도 126.09.35, 지표고도 70m

04 차귀도

위치 제주시 한경면 고산리
☞ 올레길 12코스, 수월봉 지질트레일 C코스

키워드 무인도, 수성화산, 응회구, 분석구, 해식동, 화산암경

경관 해석

제주도에서 가장 큰 무인도로 바다낚시, 잠수함 투어, 일몰 촬영지로 입소문 나면서 연중 여행자들의 발길이 끊이질 않는 섬이다. 세계자연유산 추가 잠정 목록에 올라 있다. 본섬인 죽도와 부속섬인 지실이섬으로 구성되어 있다.

차귀도 자체는 수성화산체로서 2개의 응회구와 그 안에 여러 개의 분석구가 있는 이중화산체(제주도세계지질공원, 2016)로 보고되어 있는데 현재의 지형 윤곽을 가지고 그 원형을 복원하기는 쉽지 않아 보인다.

보통 차귀도 범위에 이웃한 와도까지 포함시키고 있는데, 와도를 차귀도의 부속섬으로 보는 것이 바람직한지는 생각해 볼 일이다. 죽도 가까이 있고 '바위' 개념에 가까운 지실이섬은 차귀도의 부속섬으로 손색이 없지만, 상당히 거리가 있고 지형학적으로도 독립적 형태를 취하고 있는 와도까지 차귀도에 포함시키는 것은 무리가 있는 듯하다.

차귀도의 부속섬인 지실이섬은 독수리바위 혹은 매바위로도 불린다. 섬보다는 바위에 가깝고 거대한 해식동이 발달해 있다. 지실이섬에는 차귀도 지명 유래와 관련된 이야기가 전해진다. 이야기의 줄거리는 '중국 송나라 푸저우 사람 호종단이 이곳에 와서 지맥과 수맥을 끊고 돌아가는 길에 매 한 마리가 날아와 돛대 위에 앉자 돌풍이 일어나면서 배가 가라앉았다'는 내용인데, 차귀도는 바로 이 이야기 속의 호종단 일행이 '돌아가는(귀) 것을 막았다(차)'고 해서 생긴 지명이라는 것이다. 지명만 놓고 보면 죽도보다 이 지실이섬이 차귀도의 본섬이 되어야 할 것이다.

수월봉-와도-차귀도의 관계

멀리 왼쪽에 수월봉이 보이고 가운데가 와도, 우측이 차귀도이다. 학자들은 이들 셋을 연결하는 고리 한가운데에 과거 '수월봉 응회환 화산체' 중심 분화구가 있었을 것으로 추정하고 있다.

2016.8.8. 오전 11:24, 위도 33.19.13, 경도 126.09.53, 지표고도 65m

죽도(뒤쪽)와 지실이섬(앞쪽)

뒤쪽이 차귀도의 본섬인 죽도이고 앞쪽이 지실이섬이다. 지실이섬은 차귀도라는 지명이 유래한 섬이다. 크기로만 보면 지실이섬을 죽도의 부속섬으로 보는 게 맞지만, 지질 구조면에서 두 섬은 전혀 다른 성격을 갖고 있다. 일부 학자들은 지름 2km 정도의 거대한 '수월봉 응회환 화산체'가 침식되고 북서쪽의 한 부분이 남아 있는 흔적이 바로 지실이섬인 것으로 보기도 한다. 지명 어원이나 지형학적 메커니즘으로 보면 지실이섬이 차귀도의 본섬이 되어야 할 것 같다.

2016.7.1. 오전 9:23, 위도 33.18.24, 경도 126.09.11, 지표고도 148m

남동쪽에서 바라본 지실이섬

2016.7.1. 오전 9:26, 위도 33.18.30, 경도 126.09.11, 지표고도 80m

남서쪽에서 바라본 죽도 경관

죽도의 지형적 특징을 가장 세밀하게 관찰할 수 있다. 멀리 뒤쪽으로 용수리 해안이 보인다.

2017.2.13. 오전 11:34, 위도 33.18.21, 경도 126.08.52, 지표고도 130m

죽도 남서쪽 경관

본섬인 죽도와 지실이섬 사이에는 크고 작은 섬과 암초들이 늘어서 있다. 이 중 장군바위(사진 중앙)를 분화구 화도 내부 용암기둥이 남아 있는 화산암경으로 보는 견해도 있다. 우측으로는 분석구의 단면에 검붉은색의 쇄설층이 드러나 있다.

2017.2.13. 오전 11:32. 위도 33.18.32. 경도 126.09.01. 지표고도 120m

분석구의 쇄설층 단면

이 사진으로만 보면 오른쪽 시스택 형태로 남아 있는 장군바위가 화산암경이었을 가능성이 없지는 않다. 이러한 경관적 특징은 섭지코지 붉은오름 선돌에서도 유사하게 관찰된다.

2017.2.13. 오전 11:32. 위도 33.18.31. 경도 126.08.57. 지표고도 115m

05 금능원담

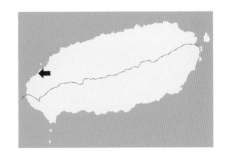

위치 제주시 한림읍 금능리
☞ 올레길 14코스

키워드 원담, 갯담, 자갈해빈

경관 해석

금능리 해변은 올레길 제14코스 중 종반 구간에 속한 해안이다. 간조 때를 맞춰 금능해변에 가면 그림 같은 아름다운 원담을 감상할 수 있다. 공식 이름은 없지만 지명을 따서 그냥 금능원담이라고들 한다.

원담은 해변에 돌담을 쌓아 간조와 만조의 물때를 이용해 물고기를 잡는 전통어업방식이다. 하도리 일대에서는 갯담이라고도 한다. 원담이든 갯담이든 이는 육지 근해에서 사용하는 돌살, 석방렴과 같은 개념이다.

제주도의 경우, 남쪽 서귀포시 해안에 비해 수심이 얕고 암석해안, 사빈과 자갈해안이 넓게 펼쳐진 북쪽 제주시 해안 일대에 집중적으로 원담이 만들어졌다. 금능리 원주민인 한 80대 주민은 이 원담에서 물고기를 잡아 자식들 대학공부까지 마쳤다고 하니 그 소득이 꽤 괜찮았던 모양이다. 지금은 매년 8월에 열리는 '금능원담 축제'로 그 명맥을 유지하고 있다.

노을 속 금능원담
금능원담은 크게 3개의 둥근 원담이 하트 모양으로 이어져 있다. 원담의 형태적 개념을 아주 잘 보여 주는 경관이다. 자갈해빈이 바다 쪽으로 돌출된 해역에는 따로 원담을 쌓지 않고 자갈해빈 자체를 활용하고 있다.
2017.2.13. 오후 4:19, 위도 33.23.29, 경도 126.13.57, 지표고도 140m

금능마을 앞의 원담 그리고 비양도

금능해변은 제주의 숨겨진 비경이기도 하다. 오른쪽 해안으로는 제주에서 가장 아름다운 옥빛 바닷물을 자랑하는 협재 해변이 펼쳐져 있고 금능마을 코앞에는 제주의 최서쪽을 지키는 비양도가 한눈에 들어온다. 금능원담은 얕은 수심의 자갈해빈을 이용해 원담을 만들었다.

2017.2.13. 오후 5:18, 위도 33.23.16, 경도 126.13.50, 지표고도 130m

바다 쪽에서 본 금능원담

2017.2.13. 오후 4:50, 위도 33.23.30, 경도 126.13.49, 지표고도 145m

06 비양도와 비양봉

위치 제주시 한림읍 협재리
☞ 올레길 14코스
키워드 분석구, 스코리아콘

경관 해석

비양도는 제주도세계지질공원을 구성하는 지질명소 12곳 중 하나다. 비양봉은 비양도 한가운데에 약 114m의 높이로 솟아 있는 기생화산이다. 비양봉은 전형적인 단성화산체로서 그중에서도 폭발성 분화에 의해 형성된 분석구다. 분석구는 분화구가 있는 것은 스코리아콘, 분화구가 없는 것은 스코리아마운드로 구분하는데 비양봉은 스코리아콘에 해당된다. 제주의 분석구는 대부분 스코리아콘이다. 비양봉 정상에는 비교적 뚜렷한 형태의 2개 분화구가 연합되어 있다.

일반적으로 역사시대의 기록을 근거로 약 1,000년 전 분화한 젊은 섬으로 알려져 왔지만, 최근 암석 사료를 분석한 결과에 의하면 비양봉은 그보다 훨씬 이전인 약 27,000년 전에 폭발했다. 당시는 현재보다 해수면이 약 80m 낮았던 시기이므로, 비양봉은 폭발 당시 섬이 아니라 여느 제주의 오름들처럼 육상에 솟은 기생화산의 하나였을 것으로 추정된다(EBS, 2009). 비양도 해안에는 애기업은돌, 펄랑못, 코끼리바위 등이 있다.

남서부 상공에서 바라본 비양도와 비양봉 1
2016.8.7. 오전 09:46, 위도 33.23.57, 경도 126.13.46, 지표고도 130m

북동부 상공에서 내려다본 비양도와 비양봉

산 아래쪽으로 경사급변점이 비양봉을 환상으로 두르고 있어 비양도는 마치 비행접시 모양을 하고 있다. 해안가에 방파제를 없앤다면 이 경사급변점이 바로 비양봉의 만조수위가 되지 않을까 하는 생각이 든다. 이렇게 본다면 경사급변점상에 존재하는 펄랑못은 일종의 조수웅덩이라고도 할 수 있다.

2017.3.3. 오전 11:13. 위도 33.24.31. 경도 126.14.11. 지표고도 140m

남서부 상공에서 바라본 비양도와 비양봉 2

2017.2.13. 오후 2:12. 위도 33.24.01. 경도 126.13.40. 지표고도 145m

비양봉 분화구와 정상

남서쪽에서 북동쪽을 바라본 경관이다. 비양봉은 전형적인 분석구로서 분화구가 존재하는 스코리아콘에 해당된다. 2개의 분화구가 존재하며 분화구는 비교적 형태가 뚜렷한 원형이다. 분화구 우측 외륜산 능선을 따라 비양봉 정상 산책로가 놓여 있어 정상에 오르기는 수월하다.

2017.3.3. 오전 10:16. 위도 33.24.27. 경도 126.13.30. 지표고도 148m

비양봉 북쪽 해안의 암초

암초는 밀물과 썰물 때 드러나고 잠기기를 반복한다. 암초 끝자락에 등표가 서 있는데 이 부분이 과거 비양봉의 해안선이었을 가능성도 있다.

2017.3.3. 오전 10:46. 위도 33.24.50. 경도 126.13.31. 지표고도 30m

제주도 지형발달 과정 – 3단계 이론

제주도는 크게 3단계에 걸쳐 8회의 서로 다른 화산분출 양식에 의해 형성되었다.

〈1단계〉 화강암 기반의 화산섬

① **초기 수성화산활동과 서귀포층 형성** : 제주의 기반암은 중생대 화강암 및 산성화산암류이다. 신생대 3기 말~4기 초, 이들 기반의 대륙붕을 뚫고 분출한 마그마가 물과 접촉하여 강력한 수중폭발을 일으키면서 수성화산활동이 시작되었다. 이 같은 수성화산활동은 약 100만 년 동안 이어졌고 이 과정에서 분출된 다량의 화산쇄설물들이 얕은 바다에 쌓이면서 서귀포층이 만들어졌다. 이 층은 현재 제주도의 기반을 이루는 지층이 되었다.

② **수성화산과 용암원정구 발달** : 초기 수성화산활동에 의해서는 국지적으로 수성화산체도 형성되었는데 이들은 현재 응회환, 응회구 등으로 불리고 있다. 당산봉, 단산, 군산, 용머리해안 등이 그 좋은 예이다. 완전히 육지부로 드러난 곳에서는 조면암질 안산암류가 분출하면서 용암원정구 형태의 기생화산, 즉 산방산, 문섬, 각수바위 등이 형성되었다. 이들은 제주도에서 가장 오래된 지형들이다.

〈2단계〉 현무암 분출과 제주도 지형 골격 형성

③ **표선리 현무암의 열하분출과 제주용암대지 형성** : 초기 수성화산활동에 이어 표선리 현무암이 열하분출되어 서귀포층을 덮었고 이 과정에서 지금 우리가 보는 동서방향의 타원형 제주도 지형 골격이 갖추어졌다. 이때 용암대지 곳곳에 기생화산이 만들어지기 시작했고, 현무암질 용암이 멀리까지 흘러가면서 용암동굴이 형성되었다. 현재 '거문오름 용암동굴계'로 불리는 지형도 이 과정에서 형성된 것이다.

④ **중심분출과 한라산 순상화산체 형성** : 시간이 지나면서 열하분출이 중심분출 형태로 바뀌었고 이때 제주 현무암과 하효리 현무암이 집중 분출하면서 지금의 한라산 순상화산체가 형성되었다. 이어 한라산 정상 부근에서는 한라산 조면암이 분출하여 용암원정구 형태의 한라산 정상부 지형 골격을 만들었다.

〈3단계〉 후화산 작용

⑤ **기생화산 및 한라산 백록담 분화구 형성** : 제주도 화산활동 후기에 이르러 300여 개에 이르는 대부분의 제주도 기생화산이 한라산 산록에 솟아났고 한라산 정상부에는 백록담 분화구가 만들어졌다.

⑥ **마지막 수성화산활동** : 제주도 동쪽과 남서쪽에서 각각 제주의 마지막 수성화산활동이 있었고 그 결과 성산일출봉과 송악산이 형성되었다. 이들 지형은 제주도에서 가장 젊은 지형에 속한다.

⑦ **신양리층과 하모리층 형성** : 마지막 수성화산활동이 진행되면서 분출된 화산쇄설물들이 인근 해안가에 쌓이면서 제주에서는 가장 젊고 신선한 해안퇴적층이 만들어졌는데 이것이 신양리층과 하모리층이다. 이들 지층은 약 5,000년 전 내외의 것으로 보고되었다.

⑧ **역사시대의 화산활동** : 약 1,000년 전의 역사시대에도 제주에 화산활동이 있었다는 기록이 있지만 정확한 위치에 대해서는 이견이 있다. 이에 해당하는 곳들로 거론되는 것이 비양도, 군산, 가파도 등인데 최근 연구에서 비양도는 그보다 훨씬 오래전인 약 27,000년 전의 것으로 밝혀졌다.

07 비양도 애기업은돌

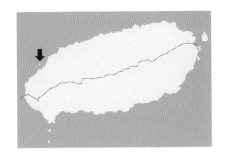

위치 제주시 한림읍 협재리
☞ 올레길 14코스

키워드 호니토, 용암기종, 파호이호이 용암, 승상용암

경관 해석

비양도 북동쪽 해안가에 굴뚝 모양으로 서 있는 작은 돌기둥을 말한다. 그 모양이 마치 애기를 업고 있는 여인의 모습 같다고 해서 '애기업은돌'로 부르고 있다. 그러나 시점을 달리해서 보면 '큰바위얼굴'로도 보인다. 주민들 사이에서는 아기를 못 낳는 여인이 치성을 드리면 아기를 낳게 된다는 속설이 전해진다.

애기업은돌은 지형학적 개념으로는 **호니토**(hornito)에 해당되며 **용암기종**이라고도 한다. 호니토는 화산활동으로 분출한 용암 중 점성이 약한 **파호이호이 용암**(pahoehoe lava)[1]이 지표면을 따라 오랫동안 흘러가다 식는 과정에서 만들어지는 것이다. 분출된 용암은 대기와 접한 부분부터 먼저 굳게 되고 그 아래쪽에서는 아직 뜨거운 상태의 액체 용암이 계속 터널을 따라 흐르게 되는데, 이렇게 흐르던 용암은 앞쪽으로 나가다 터널이 막힌 부분에서는 정체되면서 압력을 받게 되고 이 압력에 의해 터널 천장의 작은 틈새로 용암이 비집고 올라오면서 마치 굴뚝처럼 굳어진다. 이것이 바로 호니토다. 호니토는 세계적으로도 희귀한 화산지형경관으로 천연기념물(439호)로 지정되어 있다.

전형적인 분석구인 비양봉 해안에 파호이호이 용암이 흐르면서 만들어진 호니토가 함께 존재한다는 것은 이곳 비양도 형성과정이 그리 단순하지 않음을 보여 준다.

호니토와 같은 미지형들은 드론을 통해 초근접 수직사진을 촬영함으로써 그 지형적 속성을 구체적으로 파악해 낼 수 있다. 바닷가에 독립적으로 솟아 있는 이러한 지형경관은 일반적으로 근접 수직사진 촬영이 거의 불가능하므로 드론사진은 이러한 상황에서 상당히 유리하다.

---

1. 파호이호이 용암 : 파호이호이이라는 말은 하와이 원주민 언어로 '표면이 매끄럽고 깨지지 않은 용암'이라는 뜻이다. 보통 두께가 수십 cm~3m 내외인 용암층이 여러 겹으로 쌓인 것이 특징이다. 표면에 검고 부드러운 새끼줄 구조(ropy structure)가 나타난다고 해서 **승상용암**(ropy lava)이라는 말을 같이 쓴다.

호니토가 있는 비양도 북동부의 자갈해빈

사진 좌측 중간쯤 도로변에 호니토가 서 있다. 만조 때는 도로 앞까지 물에 잠긴다.

2017.3.3. 오전 10:38, 위도 33,24,44, 경도 126,13,39, 지표고도 140m

북쪽 상공에서 바라본 호니토 경관

고도를 살짝 높여 보면 굴뚝 형태의 호니토 단면이 더욱 분명해진다. 호니토 높이는 약 3m 정도 된다.

2016.6.15. 오후 1:31, 위도 33,24,43, 경도 126,13,37, 지표고도 80m

호니토 내부 구조

초근접 촬영을 해 보면 비어 있는 호니토의 내부 구조
가 그대로 드러난다.

2016.6.15.1:20, 위도 33.24.43, 경도 126.13.37, 지표고도 5m

남쪽에서 바라본 호니토 경관

2017.3.3. 오전 10:39, 위도 33.24.43, 경도 126.13.38, 지표고도 1m

바다 쪽에서 바라본 호니토 경관

안내판이 있는 해안도로에서 한 아마추어 사진가가 호니토 촬영 준비를 하고 있다. 가장 일반적으로 호니토를 촬영하는 포인트가 그곳이다.

2017.3.3. 오전 10:43, 위도 33.24.43, 경도 126.13.37, 지표고도 2m

08 비양도 펄랑못

위치 제주시 한림읍 협재리
☞ 올레길 14코스

키워드 염생습지, 기수습지

경관 해석

비양봉 동쪽 해안가에 자리한 염생습지이다. 바닷물이 땅속 화산쇄설물 틈 사이로 밀려 들어와 내륙에서 솟아나면서 형성된 습지다. 현지 안내판에는 '염습지'로 되어 있으나 엄밀히 말하자면 펄랑못은 '기수습지'로 불러야 한다. 펄랑못의 물이 100% 염수는 아니며 일부 담수가 섞여 있기 때문이다. 바위투성이인 비양도 바닷가에 이러한 습지가 형성된 것은 파도에 의해 바다 개흙이 들어와 쌓였기 때문인 것으로 알려져 있다. 주민들은 이곳에서 긁어낸 개흙을 집 짓는 데 썼다고 한다.

북동부에서 바라본 펄랑못
펄랑못은 비양도 해안저지대와 비양봉 경계선 상에 띠 모양으로 형성되어 있다.
2017.3.3. 오전 10:51, 위도 33.24.41, 경도 126.14.01, 지표고도 130m

북서쪽에서 바라본 펄랑못

고도를 높여 보면 펄랑못의 평면 형태가 그대로 드러난다. 사진 뒤쪽에 자리한 비양도 마을이 없다면 이 펄랑못은 바다 쪽으로 연결될 가능성이 높다.

2017.3.3. 오전 10:50, 위도 33.24.43, 경도 126.13.46, 지표고도 140m

남서쪽에서 바라본 펄랑못

2017.3.3. 오전 11:18, 위도 33.24.25, 경도 126.13.44, 지표고도 60m

펄랑못 습지 경관

아이패드 사진, 2016.6.15. 오후 2:34, 위도 33.24.31, 경도 126.13.50

육화된 펄랑못

펄랑못 일부는 퇴적작용과 식생 침입으로 점차 육화가 진행되고 있다.

아이패드 사진, 2016.6.15. 오후 2:38, 위도 33.24.26, 경도 126.13.46

펄랑못과 비양도 선착장 풍경

오른쪽 펄랑못 끝자락이 왼쪽 비양도 선착장 포구로 연장되고 있음을 알 수 있다. 이렇게 보면 펄랑못은 '석호' 형태로 시작되었을 가능성이 높다.

2017.3.3. 오전 11:14, 위도 33.24.27, 경도 126.13.56, 지표고도 100m

제주의 습지지형

구분	대표 지역
산지습지	59.제주1100고지습지
곶자왈습지	12.선흘곶자왈동백동산습지
화구호습지	물영아리오름습지, 제주물장오리오름습지
염생습지	8.비양도 펄랑못

09 비양도 코끼리바위

위치 제주시 한림읍 협재리
☞ 올레길 14코스

키워드 시스택, 시아치, 해식와지

경관 해석

비양도 북서쪽 해안은 폭이 넓은 자갈해빈이 길게 발달해 있고 자갈해빈 바깥쪽 경계선상에 코끼리바위가 자리 잡고 있다. 이 코끼리바위는 해안지형 메커니즘 차원에서 보면 **시스택**(sea stack)[1]이며 그 일부에 **시아치**[2] 형태의 구멍이 뚫려 있다. 일부에서는 **해식와지**[3]도 관찰된다. 주변에는 크고 작은 암초들이 줄을 지어 서 있는데 이들을 연결한 선이 과거의 비양도 해안선이 아닌가 하는 생각이 든다. 즉 당연히 지금보다 규모가 컸던 비양도가 파도의 침식을 받아 축소되는 과정에서 보다 강한 기반암들이 코끼리바위를 비롯한 여러 암초 형태로 바닷가에 남게 된 것이다. 지금도 밀물 때면 코끼리바위만 빼고 대부분 암초들이 바닷물 속에 잠겨 버린다.

비양도 코끼리바위
해안도로에서도 보이지만 코끼리바위를 좀 더 자세히 보려면 바다 쪽으로 걸어 들어가야 한다. 뷰포인트에 따라 '코끼리의 코' 모양이 달라진다.
2017.3.3. 오전 10:07, 위도 33.24.36,
경도 126.13.23, 지표고도 10m

---

1. 시스택 : 해안절벽지대가 파랑의 차별침식을 받아 고립된 섬처럼 남게 된 돌기둥이다.
2. 시아치 : 해안절벽에 해식동이 발달하다가 이것이 맞은편 쪽으로 관통되면서 마치 다리가 걸려 있는 모양이 된 지형을 말한다. 우리말로는 자연교라고 부른다. 시아치 지붕이 무너지면 시스택으로 전환된다.
3. 해식와지 : 해안절벽지대 하부에서 침식이 진행되면서 만들어진 움푹 파인 웅덩이 모양의 지형이다. 일반적으로 노치(notch)라고 한다. 해식와지가 더욱 진행되면 해식동이 발달한다.

비양도 북서해안 풍경

코끼리바위가 있는 비양도 북서해안은 폭이 넓은 자갈해빈이 북동쪽 해안까지 이어진다. 이 자갈해빈 끝자락에 비양도의 또 다른 명물 '애기업은돌'이 서 있다.

2017.3.3. 오전 9:56, 위도 33.24.32, 경도 126.13.22, 지표고도 80m

자갈해빈과 코끼리바위

코끼리바위 주변은 온통 자갈로 덮여 있다. 아직 마모가 덜 되어 자갈이 완전히 동글동글하지는 않지만 전형적인 자갈해빈이다. 물론 이 풍경은 밀물 때면 다 사라지고 코끼리바위만 살짝 드러난다.

2017.3.3. 오전 9:40, 위도 33.24.37, 경도 126.13.25, 지표고도 15m

코끼리바위 풍경 1

코끼리바위 자체는 시스택이며 여기에 구멍이 뚫려 있어 시아치라고도 할 수 있다. 코끼리바위 뒤쪽으로 규모는 작지만 유사한 시스택들이 줄지어 서 있다. 이들을 연결한 선이 과거의 비양도 해안선이라고 볼 수 있다.

2017.3.3. 오전 9:42, 위도 33.24.36, 경도 126.13.21, 지표고도 7m

코끼리바위 풍경 2

이 포인트에서 보면 전혀 다른 모습의 코끼리바위가 나타난다. 바위 왼쪽 아래에 해식와지도 보인다. 결국 이러한 해식와지가 깊이 파이면 해식동이 되고 해식동들이 서로 관통되면서 시아치 형태가 만들어진다. 해식와지 경계선이 바로 밀물이 들어왔을 때 해수면 높이라고 보면 된다.

2017.3.3. 오전 10:11, 위도 33.24.35, 경도 126.13.22, 지표고도 5m

2017.3.3. 오전 10:13, 위도 33.24.35, 경도 126.13.22, 지표고도 50m

2017.3.3. 오전 9:48, 위도 33.24.36, 경도 126.13.21, 지표고도 55m

코끼리바위를 덮고 있는 가마우지 똥

코끼리바위는 가마우지들의 최고 쉼터이자 화장실이다. 가마우지 똥들이 온통 바위를 덮고 있어 1년 내내 '흰 눈'이 덮여 있는 것 같은 풍경이다. 바위 고유색이 안 보일 정도다.

10 새별오름

위치 제주시 애월읍 봉성리
  ☞ 올레길 14-1코스

키워드 단성화산, 분석구, 스코리아콘

경관 해석

제주시와 서귀포시를 연결하는 서부간선도로(평화로) 변에 위치해 있어 제주의 오름 중 가장 접근성이 좋은 오름 중 하나이다. 해발고도는 약 519m, 상대고도는 약 119m이고 전형적인 단성화산이며 그중에서도 분석구에 해당된다.

단성화산이란, 1윤회성 화산활동으로 만들어진 화산지형으로 제주의 오름이 대부분 여기에 속한다. 기생화산, 측화산이라고도 부른다. 단성화산은 구조적 특징, 형태 등에 따라 다시 화산쇄설구(분석구), 용암원정구, 아이슬란드형 순상화산 등으로 구분된다. 화산쇄설구와 분석구는 거의 같은 의미로 쓰인다. 이에 대해 2윤회 이상의 화산활동이 누적되어 만들어진 것을 복성화산이라고 해서 구분하는데 한라산이 여기에 해당된다.

새별오름은 분석구 중에서도 분화구가 분명하게 존재하는 스코리아콘에 해당된다. 특히 이 오름에는 분화구가 하나가 아니라 여러 개가 연합되어 있다는 것이 특징인데 공중에서 내려다보면 그 평면형태가 마치 '샛별'과 같다고 해서 지금의 이름을 얻게 되었다. 제주의 가을 억새 경관을 만끽할 수 있는 대표 오름 중 하나로서 새별오름을 무대로 펼쳐지는 '제주 들불 축제'는 대한민국 대표 축제로 자리잡았다.

남쪽에서 바라본 새별오름 전경
2016.11.5. 오전 10:55, 위도 33.21.46, 경도 126.21.44, 지표고도 97m

남동쪽 상공에서 바라본 새별오름과 주변 경관

오름 정상으로 오르는 길은 서쪽과 동쪽 두 코스로 나누어진다. 대부분 서쪽 능선을 따라 오르지만, 동쪽 코스가 다소 돌아가더라도 완만해서 가족을 동반한 등산객들이 주로 이용한다.

2016.11.5. 오후 10:22, 위도 33.21.53, 경도 126.21.47, 지표고도 148m

북동쪽에서 바라본 새별오름 정상

이쪽 등산로는 사진의 반대쪽 등산로에 비해 다소 완만해서 노약자나 아이들이 오르기에 적당하다. 그뿐만 아니라 말 목장이 길 옆에 있어 말 구경도 하고 심심하지 않다. 등산로 우측이 말 목장인데 드문드문 산담에 둘러싸인 묘지가 눈에 들어온다.

2016.11.5. 오전 11:25, 위도 33.22.02, 경도 126.21.39, 지표고도 100m

남서쪽에서 바라본 새별오름

사진 뒤쪽으로는 전형적인 한라산 산
록지대 경관이 나타난다. 이들 완경
사 지대는 목장, 골프장 및 리조트 단
지 등으로 활용된다. 사진에서 보이
는 것은 골프장이다.

2016.11.5. 오전 11:35, 위도 33.21.54,
경도 126.21.21, 지표고도 134m

남쪽에서 바라본 새별오름 정상

사진 왼쪽 뒤편으로 펼쳐진 곳이 고
산평야로, 제주에서 가장 광활하고
기름진 땅이다. 지형적 특성과 접근
성 등의 면에서 제주제2공항 후보지
로 이야기되었던 곳이다.

2016.11.5. 오전 11:37, 위도 33.21.56,
경도 126.21.28, 지표고도 115m

11 다려도

위치 제주시 조천읍 북촌리

☞ 올레길 19코스

키워드 무인도, 현무암, 튜물러스, 용천대

경관 해석

제주도 내에는 약 50개의 **무인도**가 있는데 이 중 유일하게 '개발 가능 무인도'로 지정된 섬이다(연합뉴스, 2015.1.27). 북촌항에서 직선거리로 약 500m 해상에 4개의 섬과 크고 작은 암초들로 구성되어 있다. 섬 모양이 마치 물개처럼 보인다고 해서 달서도라고도 한다.

한라산 기슭에서 분출한 **현무암질 용암**이 바닷가로 흘러내려와 식어서 만들어진 섬으로 추정된다. 이렇게 가정해 보면 초기에는 섬 모양이 아니라 길죽한 제방 모양이었을 것이지만, 이들 용암 제방들이 파랑에 의해 침식되는 과정에서 고립되어 남게 된 것으로 생각된다. 이러한 가정을 가능하게 하는 것이 섬 주변에서 관찰되는 **튜물러스**(tumulus) 경관이다. 튜물러스는 이곳 조천읍 북촌리 해안부터 시작해서 구좌읍 한동리 해안까지 집중적으로 분포한다.

튜물러스란 유동성이 강한 현무암질 용암이 흐를 때 용암이 식는 시차 때문에 아직 식지 않은 아래쪽 용암이 먼저 식은 위쪽 용암부의 껍질에 압력을 가해서 용암 껍질이 마치 거북의 등처럼 부풀어 오른 용암미지형을 말한다. 현무암은 제주도 지표의 90%를 덮고 있다.

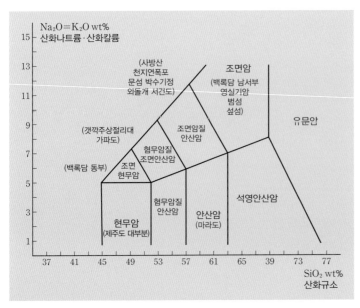

화산암의 유형과 제주 지형경관 사례

화산암은 암석학적으로 산화규소와 산화나트륨·산화칼륨의 상대적 비중에 따라 현무암, 안산암, 조면암 등의 계열로 크게 구분된다. 이러한 구분에 따르면 제주를 대표하는 암석은 현무암이며 지표면의 90%를 차지한다. 나머지는 안산암 및 조면암류로 덮여 있다. 이들 암석 분포는 기본적으로 제주의 지형발달에 직간접적인 영향을 주고 있다.

(자료: 위키나무; 장광화 외, 1999; 고기원 외, 2010; 진명식 외, 2013; 한국학중앙연구원, 2016; 해양수산부, 2017, 저자 재작성)

어촌정주어항인 북촌항과 다려도

다려도는 북촌항에서 직선거리로 약 500m 해상에 위치한다. 4개의 섬과 여러 개의 암초들로 구성되어 있다. 북촌항은 제주의 8개(2013년) 어촌정주어항 중 하나다. 어촌정주어항이란 어촌의 생활근거지가 되는 소규모 어항을 말한다.

2017.1.28. 오후 4:18, 위도 33.33.54, 경도 126.41.36, 지표고도 100m

물개를 닮았다는 다려도

2016.7.31. 오전 9:12, 위도 33.33.22, 경도 126.41.48, 지표고도 87m

다려도와 북촌리 해안 풍경

2017.1.28. 오후 4:09, 위도 33.33.40, 경도 126.41.27, 지표고도 140m

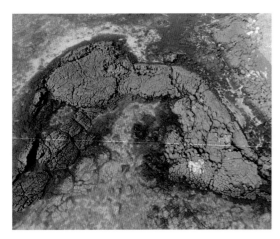

다려도 해안의 튜물러스

다려도가 있는 북촌리 해안은 전형적인 암석해안이다. 용암이 한라산 기슭으로부터 흘러나와 해안가로 유입되었는데 이들 용암이 식으면서 마치 거북등처럼 부풀어 오른 형태의 튜물러스가 형성되었다.

2016.7.31. 오전 9:33, 위도 33.33.21, 경도 126.41.41, 지표고도 11m

해식와지

다려도 해안에 형성된 와지이다. 와지 입구에 살짝 돌담을 쌓으면 훌륭한 원담이 될 듯하다. 실제로 제주도 해안가의 주민들은 제주 암석해안의 지형적 특징을 잘 살려 원담, 불턱 등을 쌓아 실생활에 활용해 왔다.

2016.7.31. 오전 9:57, 위도 33.33.22, 경도 126.41.39, 지표고도 78m

다려도에 걸린 해양쓰레기

인근 해안에 설치되었던 가두리 양식장 시설물이 강풍에 떠밀려 이곳 다려도까지 온 것이다. 제주도 해안은 내륙의 해안
과 마찬가지로 매년 먼바다에 버려진 해양쓰레기들이 떠밀려 와 쌓이고 있어 또 하나의 환경문제를 야기시키고 있다. 제
주시 당국에서는 해양쓰레기 정비 전담 미화원 제도를 도입해서 시범적으로 운영하고 있다.

2016.7.31. 오전 9:53. 위도 33.33.26. 경도 126.41.37. 지표고도 30m

북촌리 해안의 용천대

제주의 전통적인 취락은 해안가에서 솟아나는 용천대를 따라 형성되었다. 용천대는 초기에 식수로 많이 사용되었지만
상수도가 보급된 후에는 마을 주민들의 빨래터, 여름철 야외목욕탕 등으로 활용되고 있다. 멀리 바다 쪽에 보이는 것이
다려도다.

2017.1.28. 오후 4:40. 위도 33.33.09. 경도 126.41.54. 지표고도 15m

12 선흘곶자왈동백동산습지

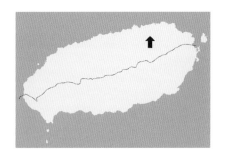

위치 제주시 조천읍 선흘리
☞ 올레길 19코스

키워드 곶자왈, 아아용암, 괴상용암, 먼물깍, 람사르습지

경관 해석

선흘곶자왈은 제주도의 대표적 곶자왈 중 하나다. 곶자왈은 **아아(aa)용암**에 의해 만들어진 암괴지대로, 제주의 대표적 지하수 함양지대로 알려져 있다. 아아는 하와이 원주민 언어로 '돌투성이의 거친 표면'이라는 뜻이다. 이는 점성이 강한 마그마가 굳어진 것으로 표면이 거칠고 괴상으로 분포하는 것이 특징이어서 **괴상용암**이라고도 한다. 아아 용암층의 두께는 수 m~수십 m에 달한다. 괴상용암지대는 그 사이로 물이 잘 스며 들어가 땅속에 불투수층만 존재한다면 대량의 지하수를 함양할 수 있는 조건이 된다. 곶자왈 지대에서는 아아용암의 하부에 승상용암이 일종의 불투수층 역할을 하고 있다. 일반적으로 지표수가 부족하다고 알려진 제주도에서 이런 환경은 대규모 숲이 조성될 확률이 높은 것이다. 아아용암에 상대적인 용암이 파호이호이 용암인데 이는 반대로 점성이 낮은 마그마가 굳어진 것으로 평탄하게 멀리까지 흘러가면서 대지를 형성한다.

선흘곶자왈은 약 1만 년 전 형성된 용암대지 위에 뿌리를 내린 숲으로 남방계 식물과 북방계 식물이 함께 자생하는 독특한 생태계를 이루고 있다. 제주고사리삼의 전 세계 유일한 서식지이자 남한 최대의 상록활엽수림지대이다(환경부, 2016). 특히 선흘곶자왈 중 동백동산은 비가 오면 숲 곳곳에 수십여 개의 크고 작은 습지가 만들어지는데 이 중 대표적인 곳이 **먼물깍** 습지다. 먼물깍을 중심으로 한 동백동산의 이러한 독특한 곶자왈 습지생태계는 그 학술적, 보전적 측면에서 인정을 받아 **람사르습지**에 등록되어 있다.

선흘리곶자왈 동백동산 전경

선흘리곶자왈에서도 이 지역은 특히 예부터 동백나무가 원시림을 이루고 있어 동백동산이라는 이름을 얻게 되었다. 그러나 지금은 극히 한정된 곳에서만 관찰된다.

2016.8.4. 오후 5:04, 위도 33.30.45, 경도 126.42.32, 지표고도 70m

동백동산 숲속에 숨어 있는 먼물깍 습지

먼물깍은 이렇게 선흘곶자왈동백동산 숲 깊은 곳에 숨어 있다. 그러나 생태탐방로에 인접해 있어 유일하게 손쉽게 접근할 수 있는 곳이다.

2016.8.4. 오후 5:11, 위도 33.31.07, 경도 126.42.53, 지표고도 140m

2016.8.4. 오후 5:10, 위도 33.31.06, 경도 126.42.55, 지표고도 31m

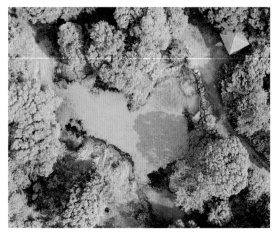

2016.8.4. 오후 5:11, 위도 33.31.07, 경도 126.42.53, 지표고도 26m

먼물깍 습지

동백동산 생태탐방로
생태탐방로 입구에서 먼물깍
습지까지는 약 30분 내외 소
요된다.

아이폰 사진, 2016.8.4. 오후 4:24,
위도 33.31.06, 경도 126.42.53

생태탐방로에서 바라본 먼물깍 습지
아이폰 사진, 2016.8.4. 오후 4:32, 위도 33.31.06, 경도 16.42.54

13 입산봉

위치 제주시 구좌읍 김녕리
☞ 올레길 20코스

키워드 단성화산, 공동묘지오름

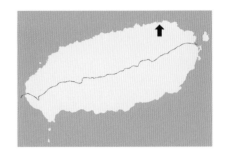

경관 해석

입산봉은 해발 80여 m 정도의 자그마한 오름으로 전형적인 **단성화산**에 해당된다. 삿갓오름이라고도 한다. 오름 정상에 오르면 주변 김녕리 해변과 한라산 산록 경관이 360도 파노라마로 펼쳐진다. 오름 정상에는 봉수대가 있었는데 이로 인해 입산봉수대라 불렀고 여기에서 입산봉이라는 지명이 탄생하였다. 오름 정상부에는 커다란 원형 분화구가 있는데 이곳은 현지 주민의 경작지로 이용되고 있다.

입산봉의 다른 이름은 '**공동묘지오름**'이다. 오름 사면들이 김녕마을 주민들의 공동묘지로 사용되고 있기 때문이다. 방풍림이 있는 해안 쪽 일부를 제외하고는 온 사면에 묘지가 빈틈없이 들어차 있다. 최근에는 더 이상 갈 데가 없는 묘지가 분화구 안쪽 경작지로 일부 침범하고 있어 머지않아 분화구 경작지도 묘지로 정복되지 않을까 하는 생각이 든다.

입산봉은 화산체에 비해 분화구가 크고 상대적으로 다른 오름보다 평탄한 것이 특징인데 거대하고 평탄한 이 분화구는 훌륭한 농경지로 활용되고 있다. 원형의 분화구 지형을 반영하여 농로는 방사형으로 개설되었고 이 농로에 의해 경지들이 부채꼴 모양으로 분할되어 있다. 안쪽으로 경사져 있어 경작지는 계단식으로 조성되어 있다.

입산봉과 김녕리 해안 풍경

입산봉은 화산체에 비해 분화구가 상당히 크고 평탄한 것이 특징이다.

2017.1.28. 오후 2:26, 위도 33.32.38, 경도 126.45.18, 지표고도 75m

경작지로 이용되는 입산봉 분화구

분화구 모양을 반영하여 농로도 방사상으로 개설되었고 경작지는 분화구 안쪽으로 계단식으로 만들어졌다.

2017.1.28. 오후 3:03, 위도 33.32.48, 경도 126.45.30, 지표고도 83m

공동묘지로 이용되는 입산봉
공동묘지는 오름의 남동쪽 사면에 집중되어 있다.
2017.1.28. 오후 2:30, 위도 33.32.44,
경도 126.45.36, 지표고도 73m

14 한동리 튜물러스해안

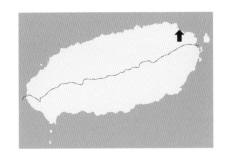

위치 제주시 구좌읍 한동리

☞ 올레길 20코스

키워드 튜물러스, 승상용암, 치약구조, 주상절리

경관 해석

구좌읍 대평리~한동리~행원리 일대는 제주도에서 흔히 볼 수 있는 암석해안 지대이다. 그러나 이 해안은 **튜물러스**라고 하는 아주 독특한 용암미지형이 집중적으로 분포한다는 면에서 다른 암석해안과 차별화된다. 분출된 용암이 지표면을 따라 흐를 때 앞서 가는 용암의 흐름 속도가 느려지면서 뒤따르던 뜨거운 상태의 용암이 앞서 가는 용암에 압력을 가하면 압력을 받은 부분에서는 용암이 거북의 등처럼 부풀어 오르면서 식게 되는데 이를 튜물러스라고 한다.

튜물러스 표면에는 **승상용암, 치약구조** 등이 뚜렷하게 관찰된다. 치약구조는 튜물러스의 갈라진 틈으로 다시 뜨거운 액체 상태의 용암이 빠져나오면서 마치 치약을 짜 놓은 것 같은 형태로 굳어진 것이다. 튜물러스의 형성 메커니즘을 현장에서 확인할 수 있는 좋은 경관들이다. 해체된 튜물러스 내부를 들여다보면 소규모 **주상절리**도 관찰된다. 튜물러스는 규모는 작지만 용암이 흐르면서 만들어질 수 있는 다양한 용암미지형을 한자리에서 관찰할 수 있는 기회를 준다.

한동리 튜물러스해안 경관

2016.7.26. 오전 11:07, 위도 33.32.52, 경도 126.49.42, 지표고도 35m

해체되기 전의 튜물러스

2016.6.21. 오후 3:22, 위도 33.32.55, 경도 126.49.43, 지표고도 15m

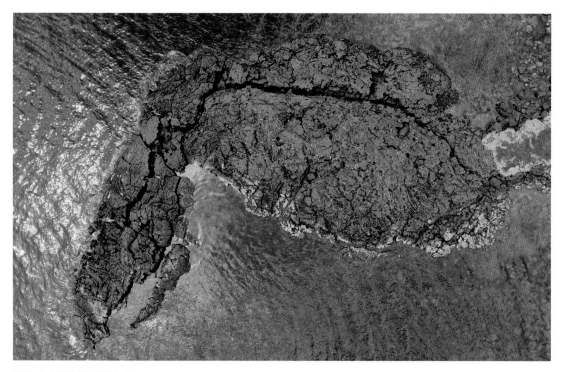

해체되기 시작하는 튜물러스

2016.7.26. 오전 11:24, 위도 33.32.55, 경도 126.49.42, 지표고도 45m

해체가 상당히 진행된 튜물러스

중심부를 따라 횡적으로 길게 균열이 발생하면서 이 부분을 따라 차별침식이 일어나며 튜물러스가 해체되고 있다. 이는 습곡구조에서 암석이 팽창하는 배사구조를 따라 균열이 생기고 차별침식이 일어나는 원리와 같다.

2016.7.26. 오전 11:03, 위도 33.32.53, 경도 126.49.42, 지표고도 25m

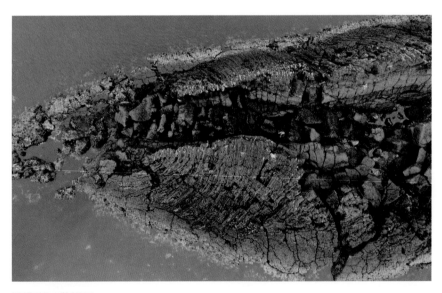

튜물러스 내부구조

거북의 등처럼 부풀어 오르면서 용암이 식었기 때문에 내부를 들여다보면 방사상의 수직절리가 발달한 것을 관찰할 수 있다. 표면에 새끼줄용암(승상용암)도 보이는데 이를 통해 용암이 왼쪽에서 오른쪽으로 흘렀음을 알 수 있다. 오른쪽이 바다 쪽이다.

2016.6.21. 오후 3:32, 위도 33.32.53, 경도 126.49.42, 지표고도 10m

치약구조 1

아이패드 사진, 2016.6.21. 오후 3:32, 위도 33.32.53, 경도 126.49.42

치약구조 2

아이패드 사진, 2016.6.21. 오후 1:06, 위도 33.32.54, 경도 126.49.40

15 하도리 무두망개

위치　제주시 구좌읍 하도리 서문동
☞ 올레길 20코스

키워드　암석해안, 원담, 갯담, 튜물러스

경관 해석

　　무두망개는 하도리 **암석해안**의 대표적 **원담** 중 하나다. 원담은 바닷가에 돌담을 둥글게 쌓아 밀물 때 휩쓸려 들어온 물고기들이 썰물 때 미처 빠져나가지 못하게 해서 물고기를 잡는 전통어업방식이다. 제주에서는 원담이라는 말이 보편적으로 쓰이는데 이곳 하도리 일대에서는 **갯담**이라는 말이 더 일반적이다. 무두망개에서 무두망은 하도리 서문동 해안의 얕은 바다를 말하며 개는 갯담의 준말이다. 제주의 전통 원담은 대부분 사라졌고 하도리, 금능리 등 몇 곳에 그 원형이 남아 있는 정도다. 하도리 일대 원담은 특히 암석해안의 **튜물러스** 지형을 적절히 활용해서 만들었다.

하도리 서문동 해안 풍경과 무두망개
2017.2.7. 오후 1:49, 위도 33.31.50, 경도 126.52.49, 지표고도 45m

무두망개

튜물러스를 징검다리 삼아 암석해안에 타원형의 돌담을 쌓아 만들었다. 다른 곳의 원담에 비해 모래톱이 잘 형성되어 있어 고기잡이보다 여름철 물놀이에 더 안성맞춤이다. 오른쪽 해안의 리조트는 천연의 풀장을 갖고 있는 셈이다.

2017.2.7. 오후 1:46, 위도 33.31.46, 경도 126.52.42, 지표고도 58m

16 하도리 멜튼개

위치 제주시 구좌읍 하도리
☞ 올레길 21코스

키워드 원담, 갯담, 튜물러스, 빌레

경관 해석

멜튼개는 하도리 굴동 해안에 있는 **원담**이다. '멜튼개'에서 멜튼은 '멜이 드는'이라는 뜻으로 멜은 멸치의 제주어이다. 풀어 쓰자면 멸치가 잘 잡히는 **갯담**이라는 뜻이다. 하도리에서 대표적인 갯담은 서문동의 무두망개와 이곳 굴동의 멜튼개이다. 멜튼개는 굴동 앞바다의 토끼섬으로 연결되는 통로이기도 하다. 멜튼개 역시 이곳 암석해안의 **튜물러스**와 **빌레**를 잘 활용하고 있다. 빌레는 너럭바위를 뜻하는 제주어다.

하도리 굴동 해안과 토끼섬
오른쪽 토끼섬과 왼쪽 굴동 해안 사이에 멜튼개가 설치되어 있다. 간조 때 갯담을 이용하면 굴동 해안에서 훨씬 쉽게 토끼섬으로 들어갈 수 있다.
2017.2.7. 오후 12:04, 위도 33.31.12, 경도 126.54.09, 지표고도 145m

하도리 굴동 해안과 멜튼개

암석해안의 지형적 특징을 적절히 활용해서 갯담을 쌓았다.

2017.2.4. 오전 10:00, 위도 33.31.17, 경도 126.54.10, 지표고도 145m

토끼섬 상공에서 바라본 멜튼개와 하도리 해안

2017.2.7. 오후 2:27, 위도 33.31.22, 경도 126.54.08, 지표고도 140m

멜튼개 풍경

2017.2.7. 오후 2:23, 위도 33.31.18, 경도 126.54.05, 지표고도 150m

튜물러스를 이용한 갯담 1

2017.2.7. 오후 2:21, 위도 33.31.18, 경도 126.53.59, 지표고도 70m

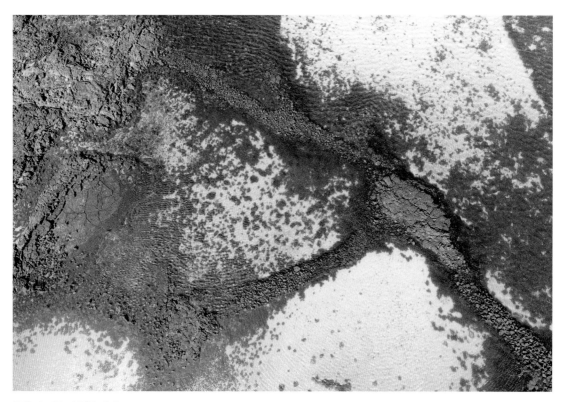

튜물러스를 이용한 갯담 2

2017.2.7. 오후 12:06, 위도 33.31.19, 경도 126.54.00, 지표고도 65m

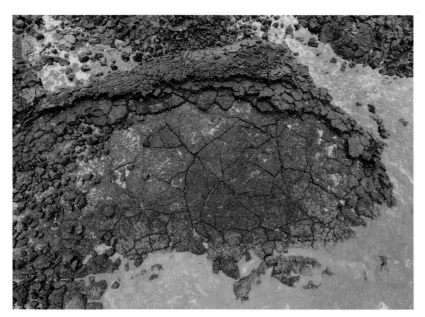

갯담 사이에 존재하는 튜물러스의 구조

건열, 주상절리, 새끼줄용암 등 튜물러스 수직구조가 잘 관찰된다.

2017.2.4. 오전 10:38, 위도 33.31.19, 경도 126.54.00, 지표고도 60m

17 토끼섬

위치 제주시 구좌읍 하도리
☞ 올레길 21코스

키워드 무인도, 여, 튜물러스, 육계사주

경관 해석

굴동포구 해안에 있는 작은 화산섬이다. 제주의 50개 **무인도**에서 34개의 이용 가능한 섬 중 하나이다.

토끼섬은 문주란의 자생지로 인정받아 천연기념물(19호)이 되었다. 토끼섬의 본래 이름인 '난들여', '난도'는 문주란과 관계가 있다. 현재의 지명인 토끼섬은 주민들이 이곳에 토끼를 놓아 기르면서 부르게 되었다는 설이 있고, 한여름에 섬 가득히 피어나는 문주란 꽃무리가 마치 흰토끼를 닮았다고 해서 붙여졌다는 이야기도 전해진다.

토끼섬의 본래 이름인 난들여에서 '**여**'는 물속에 잠겨 보이지 않는 암초를 말한다. 지명에 여가 붙여진 것은, 이곳이 지금은 섬이지만 조석에 따라 뭍으로 드러나기도 하고 물속에 잠기기도 했을 가능성이 매우 크다. 그러다 오랜 시간이 지나면서 파도와 바람에 의해 여 위에 바닷속 모래들이 쓸려와 쌓이면서 지금처럼 섬이 되었고 이 모래땅을 기반으로 문주란이 뿌리를 내린 것으로 보인다. 지금도 간조 때면 뭍으로 드러나는 구간이 있고 설사 드러나지 않더라도 수심이 얕아져 걸어서 이 섬까지 들어갈 수가 있다.

섬은 여러 개의 크고 작은 부속섬(바위)들이 인접해 있는데 이 중에는 **튜물러스**에 해당되는 것도 관찰된다. 토끼섬 본섬과 부속섬 사이에는 소규모의 **육계사주**도 형성되어 있다. 간조 때면 과거에 쌓았던 갯담의 흔적도 드러난다.

토끼섬
사빈과 사주 그리고 암석해안이 잘 어우러져 있어 한 폭의 추상화 같은 느낌이다.
2016.7.26. 오후 1:48, 위도 33.31.19,
경도 126.54.08, 지표고도 148m

하도리 굴동포구와 토끼섬

토끼섬은 하도리 굴동포구 앞쪽으로 넓게 형성된 암석해안의 한 부분이다. 처음에는 하나의 덩어리로 연결되어 있었지만 파랑의 침식에 의해 부분적으로 남아 섬과 암초들이 탄생된 것이다.

2017.2.7. 오후 12:16. 위도 33.31.21. 경도 126.53.51. 지표고도 140m

토끼섬의 육계사주와 육계도

토끼섬 본섬과 그 앞쪽의 작은 부속
섬 사이에 사주가 만들어져 두 섬이
연결되었다. 섬 속에서 육계사주와
육계도가 형성된 것이다.

2017.2.7. 오후 3:31. 위도 33.31.21.
경도 126.54.05. 지표고도 70m

토끼섬에서 바라본 하도리 해안 풍경

토끼섬은 징검다리처럼 제주 본섬과 이어져 있다. 이러한 징검다리로 보아 옛날에는 하나의 튜물러스가 아니었을까 하는 생각이 든다. 뒤쪽으로는 종달리 지미봉이, 멀리 왼쪽 뒤로는 성산일출봉이 보인다.

2016.7.26. 오후 1:57, 위도 33.31.31, 경도 126.54.09, 지표고도 90m

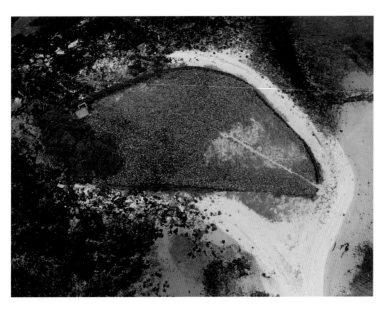

한여름의 토끼섬 풍경

문주란꽃이 한창 흐드러졌다. 드론의 눈으로 내려다보면 '흰토끼'들의 무리처럼 보이기도 한다. 우측으로는 사빈이, 좌측으로는 암석해안이 발달해 있다.

2016.7.26. 오후 1:56, 위도 33.31.26, 경도 126.54.08, 지표고도 85m

토끼섬의 부속섬

섬이 점차 풍화와 침식에 의해 해체되고 있는 경관이다. 얼핏 보면 이것도 하나의 튜물러스에 해당되지 않을까 하는 생각이 든다.

2016.7.26. 오후 3:16, 위도 33.31.23, 경도 126.54.07, 지표고도 45m

토끼섬의 부속섬에 쌓은 멜튼개 갯담 흔적

지금은 활용하지 않고 있어 물속에 그 흔적만 남아 있다.

2017.2.7. 오후 2:27, 위도 33.31.23, 경도 126.54.08, 지표고도 40m

18 다랑쉬오름

위치 제주시 구좌읍 세화리
☞ 올레길 20코스

키워드 단성화산, 화산쇄설구, 분석구, 스코리아콘

경관 해석

월랑봉이라고도 한다. 오름의 규모, 형태, 사면경사, 분화구 등의 특징을 종합해 볼 때 제주의 대표 오름이라고 할 수 있다. 해발 382m, 비고 227m로 이 일대에서는 높은오름 다음으로 큰 규모다. 지형학적으로는 제주의 대표적 **단성화산**[1]으로서 화산학적 분류상 **화산쇄설구**[2], 그중에서도 **분석구**(cinder cone)에 해당된다. 그리고 분석구 중에서도 분화구가 존재하는 스코리아콘에 속하는데, 특히 이 다랑쉬오름은 거대한 화산체에도 불구하고 스코리아콘의 형태가 거의 완벽하게 보존되어 있다는 점에서 아주 독특하다.

제주도세계지질공원의 한 사이트로 되어 있어 명실공히 제주오름의 랜드마크 역할을 하고 있는 셈이다. 다랑쉬오름 동쪽 인근에는 아끈다랑쉬오름이 있다.

---

1. 단성화산 : 하나의 큰 화산체 주변에 2차적으로 분출한 독립된 화산체를 말한다. 측화산, 기생화산 등으로도 불리며 제주에서는 오름이라는 말이 널리 쓰이고 있다.

2. 화산쇄설구 : 폭발성 분출로 인해 다량의 화산쇄설물이 쌓여 만들어진 기생화산이다. 여기에는 분석구와 수성화산이 있다. 분석구는 주로 화산성 자갈형태의 쇄설물이 쌓인 것으로, 분화구가 있는 것을 스코리아콘, 없는 것을 스코리아마운드라고 하여 구분한다. 수성화산은 주로 응회라고 하는 화산재가 쌓인 것이다. 분화구가 화산체에 비해 상대적으로 큰 것이 특징인데 접시 형태로 넓적한 것을 응회환, 절구 모양을 한 것을 응회구라고 부른다. 수성화산 중에는 응회구와 응회환 내부에 2차적으로 분석구가 형성되거나 응회구 안에 응회환이 만들어진 것도 존재하는데 이를 이중화산이라고 한다.

다랑쉬오름과 아끈다랑쉬오름

뒤의 것이 다랑쉬오름이고 앞의 것이 아끈다랑쉬오름이다. 이 일대는 제주도의 오름이 집중적으로 분포하는 지역이다.

2017.3.29. 오후 12:08. 위도 33.28.29. 경도 126.50.14. 지표고도 145m

다랑쉬오름

완벽한 형태의 원추형 분석구이다. 정상에는 원형 그대로의 화구가 보전되어 있다.

2016.5.30. 오후 12:50. 위도 33.28.29. 경도 126.49.48. 지표고도 60m

다랑쉬오름 분화구 1

다랑쉬오름의 분석구와 분화구는 그 규모나 형태 면에서 스코리아콘의 교과서적인 사례이다.

2016.10.30. 오후 1:58, 위도 33.28.23, 경도 126.49.23, 지표고도 145m

다랑쉬오름 분화구 2

뒤쪽 아래로 아끈다랑쉬오름이 보인다.

2017.3.29. 오후 12:11,
위도 33.28.34, 경도 126.49.07,
지표고도 148m

다랑쉬오름의 외륜산 정상과 주변 풍경

오름 사면은 수직 절벽 같은 느낌이 들 정도로 급경사로 이루어졌고 마치 인공적으로 다듬어 놓은 것처럼 매끈한 형태를
유지하고 있다. 오랜 시간이 지났음에도 불구하고 이러한 원지형을 잘 보전하고 있는 것은 투수율이 높은 분석으로 이루
어졌기 때문이다.

2017.3.29. 오후 12:14, 위도 33.28.35, 경도 126.49.19, 지표고도 130m

19 아끈다랑쉬오름

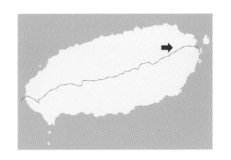

위치 제주시 구좌읍 세화리
☞ 올레길 20코스

키워드 기생화산, 분석구, 초경량비행장치공역, 지오글리프

경관 해석

제주 오름의 대명사 격인 다랑쉬오름 곁에 있다. 해발고도 198m, 비고 58m의 아담한 원추형 분석구다. 오르기 쉽고 정상에서 바라보는 주변 경관이 아주 뛰어나 신혼부부들의 웨딩사진 촬영장소로도 널리 알려져 있다. 아끈은 '작은'이란 뜻으로 이름 그대로 '작은 다랑쉬오름'이다. 규모만 작지 다랑쉬오름을 쏙 빼닮았다.

이 일대는 초경량비행장치공역으로 지정되어 있어 자유롭게 드론을 날릴 수 있다. 오름 주변에는 유채 꽃밭에 조성된 새 모양의 지오글리프(geoglyph)가 등장했다. 지오글리프는 지상화라고도 하는 것으로 대지에 사람의 손으로 만든 형상을 말한다. 토양을 갈아엎고, 농작물을 심거나 수확하고, 돌을 쌓고 하는 행위를 통해 특정한 모양을 만들어 내는 것으로, 가장 유명한 것은 나스카 지상화이다. 이들 지상화는 하늘에서 내려다봐야 제 모습을 볼 수 있는 것으로 드론으로 감상하기는 그만이다.

아끈다랑쉬오름
2016.5.30. 오후 3:11, 위도 33.28.28, 경도 126.49.37, 지표고도 148m

아끈다랑쉬오름과 지오글리프

아끈다랑쉬오름 촬영 중 우연히 유채꽃밭에 새겨진 새 모양의 지오글리프(지상화)를 발견했다. 드론이 아니고는 이런 멋진 풍경을 감상하기 힘들 것이다.

2017.3.29. 오후 12:42, 위도 33.28.49, 경도 126.49.42, 지표고도 80m

아끈다랑쉬오름 분화구

분화구 주변으로 마치 하트 모양의 산책로가 나 있다. 이래저래 신혼부부들의 웨딩사진 촬영장소로는 그만이다.

2016.5.30. 오후 1:10, 위도 33.28.29, 경도 126.49.46, 지표고도 148m

20 용눈이오름

위치 제주시 구좌읍 종달리
☞ 올레길 21코스

키워드 분석구

경관 해석

해발 247m의 아담한 **분석구** 오름이다. 오름 주차장으로부터의 비고는 88m 정도로 누구나 가볍게 오를 수 있다. 특히 이 오름은 나무 한 그루 없이 초본류로만 덮여 있어 오름과 분화구의 윤곽이 고스란히 드러나는 재미있는 오름이다. 용이 누워 있는 모습이라는 의미로 해석하고 있는데 실감 나지는 않는다. 제주를 여행하는 중에 딱 한 번의 오름 등산 기회가 주어진다면 이 용눈이오름을 선택해도 좋을 듯하다. 실제로 용눈이오름은 가족 단위나, 수학여행단 등 단체 여행자들이 즐겨 찾는 곳이다.

용눈이오름 전경
오름 자체의 규모는 작지만 분화구는 몇 개가 연합된 것으로 단순하지 않다.
2016.10.30. 오전 10:22. 위도 33.27.30. 경도 126.49.29. 지표고도 145m

용눈이오름 분화구와 기생화산지대

이 일대는 제주도에서도 기생화산이 집중된 '기생화산지대'이다. 용눈이오름에서 한라산 쪽을 바라보면 기생화산들이
마치 구릉지처럼 펼쳐져 있는 풍경이 한눈에 들어온다. 용눈이오름의 분화구에 있는 두 개의 분화구가 '용의 눈'처럼 보
이기도 하고 '쪽박'처럼 보이기도 한다.

2016.10.30, 오전 9:35, 위도 33.27.35, 경도 126.50.01, 지표고도 130m

용눈이오름 서사면의 무덤군

제주의 무덤은 '산담'이라고 해서 네
모난 돌담을 두른 것이 특징이다. 방
목이 행해지던 시절 소나 말이 무덤
으로 들어오는 것을 막기 위한 목적
으로 생겨난 문화이다.

2016.10.30, 오후 4:48, 위도 33.27.39,
경도 126.49.38, 지표고도 35m

21 돌청산불턱

위치 제주시 구좌읍 종달리
☞ 올레길 21코스

키워드 자연불턱, 암석해안, 시스택, 해식와지

경관 해석

불턱은 해녀들의 쉼터다. 옷도 갈아입고 식사도 하고 잠깐 휴식을 취하면서 정보도 교환한다. 제주의 불턱은 보통 인공적으로 돌담을 쌓아 만든다. 그런데 이곳 구좌읍 종달리 해변에는 100% 자연의 해안지형을 이용한 **자연불턱**들이 모여 있다.

불턱의 조건은 겨울철 북서계절풍을 막아 주고 뜨거운 한여름에는 시원한 그늘을 만들어 줄 수 있어야 한다. 이러한 조건에 딱 맞는 지형이 바로 해식애, 해식와지, 해식동굴, 시아치 등이다. 그러나 이들 지형은 조금씩 다르므로 365일 좋은 조건을 제공하지는 않는다. 따라서 계절이나 상황에 따라 최적의 불턱을 찾는 것이 관건인데, 종달리 해안의 자연불턱들은 다양한 조건을 갖추고 있어 이것이 가능하다. 불편한 점도 있지만 인공불턱보다 좋은 이유이기도 하다. 종달리 해변에는 돌청산불턱, 고망난돌불턱, 동그란밭불턱, 벳바른불턱, 엉불턱 등 각각 개성 있는 이름을 갖고 있는 5개 자연불턱이 있다.

돌청산불턱은 '성산을 닮은 바위'에서 따온 명칭이다. 현장에 가 보면 **암석해안** 중에 유독 이곳 해안에는 성산일출봉을 닮은 독립적인 **시스택** 지형이 듬직하게 자리하고 있고 그 주변에 **해식와지**가 형성되어 있어 불턱으로 이용할 수 있는 장소들이 여럿 있다.

돌청산과 자연불턱
사진 오른쪽 뒤에 '돌청산'이 있고 그 주변으로 자연불턱이 형성되어 있다.
2017.2.7. 오전 11:05, 위도 33.30.36, 경도 126.54.27, 지표고도 60m

종달리 암석해안과 돌청산불턱

자연불턱은 고정된 불턱이 아니라 계절이나 날씨 등에 따라 여러 곳을 옮겨 다니며 사용하는 불턱이다. 사진에서와 같이 복잡한 지형이 나타나는 해안에는 불턱으로 이용하기에 적합한 곳이 많다. 사진 앞쪽 가운데 바위그늘 부분이 돌청산불턱이다.

2017.2.7. 오전 11:03, 위도 33.30.35, 경도 126.54.28, 지표고도 140m

돌청산불턱

차가운 북서풍을 막아 주고 한여름 뙤약볕을 피하기에는 이보다 좋은 곳이 없다.

2017.2.7. 오전 11:07, 위도 33.30.36, 경도 126.54.26, 지표고도 30m

22 고망난돌불턱

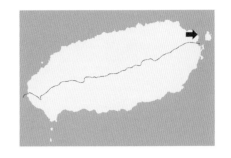

위치 제주시 구좌읍 종달리
☞ 올레길 21코스

키워드 자연불턱, 시아치

경관 해석

고망난돌불턱은 종달리 암석해안의 5개 **자연불턱** 중 하나다. '고망난돌'은 이름 그대로 '구멍난 돌'이라는 뜻에서 왔다. 이곳 불턱의 대표적 경관지형으로, 거대한 시스택 한가운데 커다란 구멍이 뚫려 있다. 지형학적으로 **시아치**라고 부른다. 풍화작용과 파도의 침식이 합쳐져서 바위를 뚫어 버린 것이다.

이 고망난돌 자체도 훌륭한 자연불턱이지만 주변에는 다양한 환경조건에서 때에 따라 옮겨 가며 이용할 수 있는 불턱들이 상당수 존재한다.

종달리 암석해안의 고망난돌불턱
2017.2.7. 오전 10:33, 위도 33.30.30, 경도 126.54.40, 지표고도 90m

고망난돌(왼쪽)과 주변 자연불턱들

2017.2.7. 오전 10:38, 위도 33.30.29, 경도 126.54.40, 지표고도 55m

고망난돌불턱

2017.2.7. 오전 10:35, 위도 33.30.30, 경도 126.54.40,
지표고도 85m

고망난돌

고망난돌은 전형적인 시아치 지형이다.

2017.2.7. 오전 10:45, 위도 33.30.30, 경도 126.54.39,
지표고도 1m

23 동그란밭불턱

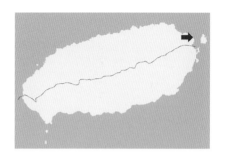

위치 제주시 구좌읍 종달리
☞ 올레길 21코스

키워드 자연불턱, 몽돌해변, 자갈해빈, 원마도

경관 해석

동그란밭불턱은 종달리 암석해안의 5개 **자연불턱** 중 하나다. '동그란밭'이란 동그란 자갈이 있는 **몽돌해변**이라는 뜻이다. 이곳은 특히 **원마도**(roundness)가 상당히 높은 동글동글한 자갈들이 퇴적되어 있는 전형적인 **자갈해빈**이다. 이 몽돌해변 자체도 불턱으로 이용되지만 다른 종달리 자연불턱들처럼 다양한 크기와 형태의 불턱지형들이 주변에 존재한다.

해안지형은 크게 암석해안과 해빈으로 구분한다. 해빈은 그 구성물질에 따라 모래로 된 사빈, 자갈로 된 자갈해빈(역빈), 모래와 자갈이 섞여 있는 사력해빈 등으로 나눌 수 있다. 자갈해빈을 일반적으로 몽돌해변으로 부르지만, 몽돌해변은 주로 원마도가 높은 둥근자갈들이 쌓여 있는 해안을 말하는 것으로 개념상 약간의 차이는 있다. 제주의 경우 몽돌해변도 있지만 각진 자갈로 된 자갈해빈이 훨씬 더 많다.

자갈해빈과 동그란밭불턱
이름에 걸맞게 불턱 주변에 '동그란 돌'로 된 자갈해빈이 펼쳐져 있다. 몽돌해변 한쪽의 거대한 바위그늘 지대가 불턱으로 이용되는 곳이다.
2017.2.7. 오전 10:12, 위도 33.30.25, 경도 126.54.47, 지표고도 90m

종달리 암석해안과 동그란밭불턱

이곳 동그란밭불턱부터 뱃바른불턱과 엉불턱을 지나 종달항까지는 산책 데크가 설치되어 있어 불턱 경관과 주변 해안
풍경을 감상하기에 안성맞춤이다.

2017.2.7. 오전 10:05, 위도 33.30.23, 경도 126.54.47, 지표고도 130m

동그란밭불턱

2017.2.7. 오전 10:12, 위도 33.30.26,
경도 126.54.44, 지표고도 100m

24 벳바른불턱

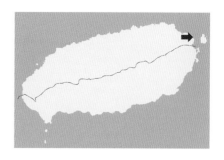

위치 제주시 구좌읍 종달리
☞ 올레길 21코스

키워드 자연불턱, 해식와지

경관 해석

벳바른불턱은 종달리 암석해안의 5개 **자연불턱** 중 하나다. '벳바른'은 '햇볕이 잘 드는' 곳이라는 의미
다. 거친 환경의 바닷가에서 물질을 할 때는 여름철 따가운 햇살보다는 겨울철 차가운 북서풍을 막는 것
이 우선적 조건이 된다. 이곳 해안에는 시스택 형태의 거대한 바위 한가운데가 움푹 들어간 **해식와지** 지
형이 존재하고 이곳이 훌륭한 불턱으로 이용되고 있다.

종달리 암석해안과 벳바른불턱 1
바다 쪽에서 내륙 쪽으로 바라본 풍경이다. 사진 좌측 앞쪽의 바위지대가 벳바른불턱이다. 뒤쪽에 뾰족하게 솟아 있는
것이 이 일대의 랜드마크인 지미봉이다.
2017.2.7. 오전 9:37, 위도 33.30.21, 경도 126.54.48, 지표고도 70m

종달리 암석해안과 벳바른불턱 2

사진 우측 가운데 바위지대가 벳바른불턱이다.

2017.2.7. 오전 9:37, 위도 33.30.19, 경도 126.54.47, 지표고도 70m

벳바른불턱

불턱으로 이용되는 곳은 이 일대 암석해안에 전형적으로 발달한 해식와지이다. 볕이 잘 들고 바람도 충분히 막을 수 있는 구조다.

2017.2.7. 오전 9:45, 위도 33.30.20, 경도 126.54.48, 지표고도 70m

25 엉불턱

위치 제주시 구좌읍 종달리
☞ 올레길 21코스

키워드 자연불턱, 시스택, 해식와지

경관 해석

엉불턱은 종달리 암석해안의 동쪽 끝자락에 자리한 **자연불턱**이다. '엉'은 바위그늘을 말하는 것으로 **시스택**과 **해식와지** 사이에 존재하는 바위그늘을 이용한 불턱이다. 자연불턱은 대부분 바위그늘이 지므로 그 대부분은 엉불턱 특징을 갖고 있다고 할 수 있다. 엉불턱은 종달항 가장 가까이 있고 종달항은 성산일출봉 인근에 위치하므로 시간적 여유가 없다면 이곳 엉불턱만 돌아봐도 종달리 암석해안 자연불턱의 특징을 어느 정도 파악할 수 있을 것이다.

종달리 암석해안 풍경

사진 중앙 왼쪽에 가까이는 지미봉이, 멀리는 한라산이 보인다. 앞쪽 돌출부가 엉불턱지대다. 이곳 종달리 해안의 암석지대는 제주의 다른 해안과는 달리 평탄지와 돌출지가 반복적으로 나타나고 있고, 이러한 지형조건이 제주의 대표적 자연불턱지대가 된 것으로 생각된다.

2017.2.7. 오전 11:40, 위도 33.30.11, 경도 126.55.21, 지표고도 148m

종달리 암석해안과 엉불턱

종달리 해안에는 이곳 엉불턱에서 시작하여 서쪽 하도리 쪽으로 가면서 벳바른불턱-동그란밭불턱-고망난돌불턱-돌청산불턱 등 5개 자연불턱이 이어져 있다.

2017.2.7. 오전 9:04, 위도 33.30.06, 경도 126.54.50, 지표고도 120m

엉불턱

2017.2.7. 오전 11:36, 위도 33.30.10, 경도 126.54.49, 지표고도 70m

26 우도 소머리오름

위치 제주시 우도면 연평리
☞ 올레길 1-1코스

키워드 응회구, 분석구, 용암대지, 용암삼각주

경관 해석

우도는 성산포에서 북동쪽으로 3.8km 해상에 위치하는 둘레 17km의 섬으로, 제주의 부속섬 중 가장 크다. 우도는 섬 자체가 1윤회성의 화산섬으로 이러한 화산체를 단성화산이라고 한다. 그러나 시차를 달리하는 분출 양식과 분출물에 의해 다소 상이한 지형이 공존하는데 이는 **응회구**, **분석구**, **용암대지** 등 3개 지형단위로 구분된다. 우도를 제주도의 축소판으로 부르는 것은 이러한 지형 특성 때문이다.

응회구는 소머리오름으로 불리는 곳으로 우도 동남부에 위치한다. 우도에서 가장 높은 봉우리인 **우도봉(132m)**[1]은 소머리오름의 외륜산에 해당된다. 응회구 내부에는 2차 분화에 의해 형성된 분석구가 있어 이중화산으로 취급한다. 분석구 최고높이는 해발 약 87m, 분화구 바닥으로부터의 상대높이는 73m 이상이다. 용암대지는 응회구 북서쪽으로 방출된 현무암질 용암이 흐르면서 퇴적된 지형으로 분화구 근처에서의 두께는 약 70m이며 해안으로 갈수록 얇아지고(황상구, 1993) 대부분은 해발 30m 이내다(이진수, 2014). 용암대지는 용암삼각주로 불리기도 한다.

우도 응회구의 기반은 응회암을 중심으로 하는 화산쇄설층이다. 이 응회암 해안절벽지대는 파도의 침식에 의해 점차 소실되고 있고 이로 인해 거대한 해식애와 해식와지가 만들어졌다. 해식와지 중 일부는 해식동굴이 형성되어 있기도 하다. 특히 우도봉 남서쪽의 광대코지 일대는 이러한 지형적 특징이 뚜렷하게 나타난다. 우도봉 내부 구릉지대는 말 목장과 공동묘지로 이용되고 있다.

---

1. 우도봉 : 넓은 의미로는 소머리오름과 같은 의미로 쓰이지만 좁은 의미로는 소머리오름의 외륜산 최고봉을 뜻하기도 한다. 지리학적 관점에서 보면 후자의 의미로 쓰는 것이 합리적인 것으로 생각된다.

우도 용암대지 전경

우도 북쪽 상공에서 남쪽을 바라본 경관이다. 우도는 소머리오름의 분화구에서 흘러나온 현무암질 용암이 북쪽으로 흘러 퍼지면서 굳어져 일종의 용암대지 형태의 완만한 지형이 되었다. 학자들에 따라서는 용암삼각주로 부르기도 한다. 멀리 끝에 보이는 것이 소머리오름이다.

2017.3.28. 오후 2:49. 위도 33.31.39. 경도 126.57.07. 지표고도 100m

우도 용암대지

경작지가 전체적으로 우도봉을 중심으로 방사상의 계단식으로 만들어졌다. 이러한 지형적 특성을 강조한다면 용암대지보다 용암삼각주라는 말이 더 어울릴 수도 있을 것이다.

2017.3.28. 오후 2:51. 위도 33.31.23. 경도 126.57.14. 지표고도 50m

소머리오름 1

우도 동부 검멀래해안 쪽 상공에서 바라본 소머리오름 경관이다. 사진 한가운데쯤 우도 응회구의 분화구 윤곽이 뚜렷이 보인다. 멀리 왼쪽 뒷편으로 보이는 것이 성산일출봉인데 이 둘은 응회구라고 하는 공통점을 갖는다. 사진 우측의 평탄 지는 용암대지의 일부분이다.

2016.5.12. 오전 9:38. 위도 33.29.59. 경도 126.58.21. 지표고도 145m

소머리오름 2

분화구 북쪽(오른쪽)이 열려 있고 이곳으로 용암이 흘러나와 우도 용암대지를 만들었다.

2017.3.28. 오후 1:30. 위도 33.30.04. 경도 126.57.35. 지표고도 145m

소머리오름 분화구

오름 남쪽 외륜산 쪽에서 북쪽을 바라본 경관이다. 오름의 윤곽이 드러나 있고 가운데 분석구가 보인다.

2017.3.28. 오후 1:59, 위도 33.29.40, 경도 126.58.01, 지표고도 130m

소머리오름 분화구 안에 발달한 분석구 1

사진 중앙 부분에 묘지로 이용되는 곳이 분석구다. 이 분석구는 분화구가 없는 일종의 스코리아마운드에 해당된다.

2017.3.28. 오후 1:33, 위도 33.29.42, 경도 126.57.33, 지표고도 100m

소머리오름 분화구 안에 발달한 분석구 2

소머리오름 남쪽 외륜산 상공에서 북쪽을 바라본 풍경이다. 분화구 북쪽이 열려 있고 이곳을 통해 흘러나간 용암이 뒤쪽의 용암대지를 만들었다. 분석구의 북동쪽 완사면은 묘지들이 차지하고 있다.

2017.3.28. 오후 2:01. 위도 33.29.34. 경도 126.57.49. 지표고도 70m

우도봉 등대 전망대

우도를 찾는 관광객들 중 좀 부지런한 사람들은 이곳 우도봉 정상의 등대전망대까지 오르는데, 거리는 짧지만 오름의 경사가 급해 그리 만만치는 않다.

2017.3.28. 오후 1:37. 위도 33.29.31. 경도 126.57.54. 지표고도 80m

소머리오름 분화구와 내부 분석구

우측 등대가 있는 곳이 소머리오름 외륜산 최고봉인 우도봉이고 앞쪽 가운데 볼록 솟은 곳이 분석구다. 절벽에 노출된
용암층은 분석구와 외륜산 사이를 채운 현무암 용암층이다.

2016.11.4. 오전 11:50, 위도 33.29.21, 경도 126.57.37, 지표고도 120m

남쪽 상공에서 바라본 소머리오름

소머리오름 중 특히 해안으로 돌출된 이곳은 광대코지로 불리고 있고, 그중에서도 화산퇴적층이 그대로 드러난 절벽지
대는 후해석벽이라고 해서 우도 8경 중 하나에 포함된다.

2016.11.4. 오전 10:40, 위도 33.29.17, 경도 126.58.06, 지표고도 −5m

소머리오름 남서쪽 해안 경관

소머리오름 중에서 가장 멋진 풍경을 감상할 수 있는 곳이다. 응회구 응회 암층이 침식되는 과정에서 만들어진 거대한 해식와지가 이곳의 상징적 경관이다. 우도봉 중에서 남쪽으로 불쑥 튀어나온 이 일대는 광대코지로 불린다. 사진에서 왼쪽 해식와지 깊숙한 곳에는 작은 해식동이 발달해 있는데 이 동굴이 우도 8경 중 하나인 주간명월이다. 해상에서는 잠수함 투어가 이루어진다.

2016.11.4. 오전 11:56, 위도 33.29.20, 경도 126.57.48, 지표고도 125m

27 우도 검멀래해안과 동안경굴

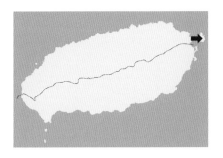

위치 제주시 우도면 연평리
☞ 올레길 1-1코스

키워드 검은모래해빈, 응회암, 새끼줄용암, 해식동

경관 해석

우도 남동쪽 해안에 포켓비치 형태로 발달해 있는 **검은모래해빈**이다. 우도에서는 홍조단괴해빈과 함께 대표적 해안관광명소가 되어 있다. 검멀래란 '검은 모래'라는 뜻이다. 모래는 그 기반암이 무엇인가에 따라 다양한 색을 띠게 되는데 주로 현무암이 부서져 모래가 되면 검은색을 띠게 된다. 제주의 해안은 대부분 검은 모래이지만 이렇게 모래 색 자체가 지명이 된 곳은 그리 많지 않다. 검멀래해안의 한쪽에는 '검은 자갈 해빈'도 나타난다.

검멀래해안을 중심으로 해안 뒤쪽으로는 시기를 달리하는 **응회암** 퇴적층, 2차퇴적층이 차례로 드러나 있고, 동쪽 암석해안으로는 전형적인 **새끼줄용암**이 대규모로 형성되어 있다. 이들 지형경관은 소머리오름 및 우도의 생성과정을 이해하는 데 결정적인 노두들이다.

검멀래해안 서쪽 절벽지대에는 우도 8경 중 하나인 동안경굴이 발달해 있다. 동안경굴은 전형적인 **해식동**으로서 고래가 산다고 해서 고래굴, 고래콧구멍처럼 생겼다고 해서 고래콧구멍이라고도 부른다. 제주도에서는 가장 긴 해식동굴로 알려졌고 특히 1997년 동굴음악회가 열리면서 더 유명해졌다.

제주의 해빈

① 모래해빈(사빈)

순수한 모래로만 형성된 해빈이다. 제주에는 특이한 모래해빈이 발달해 있는데 검은모래해빈, 패사해빈, 홍조단괴해빈 등이 그것이다. 검은모래해빈은 현무암 계통의 암석이 풍화되어 만들어진 것으로 제주 해안 곳곳에서 관찰되는데 삼양리검은모래해변, 우도 검멀래해안 등이 대표적인 곳이다. 협재해변 등에서는 조개껍질이 부서져 만들어진 패사해빈이, 우도 홍조단괴해변에는 홍조단괴로부터 비롯된 유백색의 모래해빈이 존재한다.

② 자갈해빈(역빈)

순수한 자갈로만 이루어진 해빈으로 우도 돌칸이해안이 그 대표적인 예다. 분류상으로는 자갈해안이지만 이곳은 호박돌 크기의 거력들로 구성된 것이 특징이다.

③ 모래자갈해빈(사력해빈)

모래와 자갈이 섞인 해빈이다. 서귀포 갯깍주상절리대 해안이 좋은 예로 이 해안에는 해식애 쪽으로 모래가, 바다 쪽으로 자갈이 평행하게 퇴적되어 있는 것이 특징이다.

우도 검멀래해안

우도 남동쪽 해안에 포켓비치 형태로 발달해 있다. 북서계절풍이 강한 우리나라의 기후특성상 이러한 지형조건은 겨울철 해양 스포츠를 즐기기에 안성맞춤이다. 검멀래해안을 기준으로 사진 왼쪽은 우도봉으로서 그 기반이 되는 응회암층이 수직절벽을 형성하고 있고 그 아래 대규모 해식동이 형성되어 있다. 검멀래해안 오른쪽 돌출부에는 현무암 용암층이 전형적인 암석해안을 이루고 있는데 이 암석해안에서는 뚜렷한 새끼줄용암 구조가 관찰된다.

2017.2.21. 오후 12:30, 위도 33.29.41, 경도 126.58.04, 지표고도 145m

검멀래해안 동쪽 암석해안의 새끼줄용암

검멀래해안에는 다양한 화산지형이 발달해 있다. 그 대표적인 예가 바로 사진 앞쪽에 위치한 새끼줄용암이다. 새끼줄 무늬의 형태로 보아 용암이 오른쪽에서 왼쪽으로 흘렀음을 알 수 있다.

2017.2.21. 오전 11:01, 위도 33.29.48, 경도 126.58.05, 지표고도 -5m

검멀래해안

검멀래해안은 전체적으로는 모래해빈이지만 사진 우측 해식와지 하단부에서는 자갈해빈도 관찰된다. 모래해빈 뒤쪽 절벽에는 응회암 퇴적층과 그 위에 2차퇴적층이 공존한다.

2017.2.21. 오후 12:25, 위도 33.29.46, 경도 126.58.03, 지표고도 90m

수상스포츠의 명소 검멀래해안

2016.5.12. 오후 12:26, 위도 33.29.44, 경도 126.58.08, 지표고도 40m

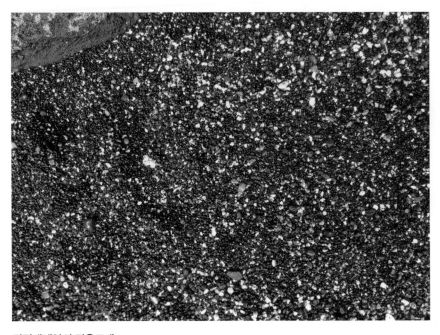

검멀래해안의 검은모래

아이패드 사진, 2016.4.5 오전 11:46, 위도 33.29.47, 경도 126.57.59

2017.2.21. 오전 11:45, 위도 33.29.43, 경도 126.58.03, 지표고도 5m

2017.2.21. 오전 10:51, 위도 33.29.43, 경도 126.58.03, 지표고도 50m

동안경굴 서쪽 입구

동안경굴의 입구는 동쪽과 서쪽 두 곳에 있다. 동쪽 입구는 검멀래해안 가까운 곳에 있고 입구가 좁다. 서쪽 입구는 검멀래해안에서 멀리 떨어진 절벽지대에 자리하고 있어 유람선을 이용해야만 접근할 수 있는 경관이다. 그러나 간조 때가 되면 두 동굴은 관통되어 하나의 동굴이 된다. 결국 동안경굴은 관통된 동굴로 오랜 시간이 지나면 시아치 형태로 진행될 것이다.

동안경굴 동쪽 입구

간조 때가 되면 걸어서 동굴 안으로 들어갈 수 있다. 서쪽 입구보다는 작지만 안쪽으로는 두 입구가 연결되어 있다. 관통형 해식동굴인 셈이다.

2017.2.21. 오전 10:53. 위도 33.29.48. 경도 126.58.01. 지표고도 −3m

응회암 절벽에 발달한 타포니

우도 응회구의 기저부를 형성하는 암석은 응회암인데 여기에 타포니가 형성되어 있다.

2017.2.21. 오전 11:45. 위도 33.29.42. 경도 126.58.03. 지표고도 5m

28 우도 후해석벽

위치 제주시 우도면 연평리
☞ 올레길 1-1코스

키워드 해식애, 해식와지, 시스택

경관 해석

우도봉 남쪽 해안 광대코지 일대의 절벽지대로 우도 8경 중 하나다. 이 일대에는 해식애, 해식와지, 시스택 등 전형적인 해안침식지형이 집중되어 있다. 해안절벽에서는 소머리오름의 응회암 퇴적층 단면을 생생하게 관찰할 수 있다.

우도 8경
1경 : 주간명월 – 광대코지 해식동굴 풍광
2경 : 야황어범 – 밤고깃배 야경
3경 : 천진관산 – 동천진동에서의 한라산 조망 풍경
4경 : 지두청사 – 우도봉에서 바라본 우도 풍경
5경 : 전포망도 – 제주 본섬에서 건너다 본 우도 풍경
6경 : 후해석벽 – 광대코지 해식애 풍경
7경 : 동안경굴 – 검멀레해안의 해식동굴 풍경
8경 : 서빈백사 – 홍조단괴해빈 풍경

후해석벽

후해석벽은 헤드랜드인 광대코지 해안에 발달한 수직의 해식애 경관이다.

2016.11.4. 오전 10:45, 위도 33.29.24, 경도 126.58.05, 지표고도 60m

응회암 퇴적층 기반암

후해석벽의 수직에 가까운 절벽에는 소머리오름 응회구의 퇴적 단면이 그대로 드러나 있다. 퇴적층리가 다양한 방향으로 누적되어 있는 것으로 보아 수차례 분화가 있었던 것으로 보인다.

2016.11.4. 오전 11:13,
위도 33.29.24, 경도 126.58.27,
지표고도 10m

117

후해석벽 남동쪽 경관

2016.11.4, 오전 10:08, 위도 33.29.30, 경도 126.58.07, 지표고도 10m

해식와지

2016.11.4, 오전 10:04, 위도 33.29.38, 경도 126.58.06, 지표고도 17m

시스택 1

해안침식에 의해 해안절벽의 일
부가 떨어져나오면서 시스택이
만들어졌다.

2016.11.4. 오전 10:11, 위도 33.29.28,
경도 126.58.03, 지표고도 3m

시스택 2

시스택의 모서리가 칼로 자른듯이 상당히 각진 것으로 보아 배후 절벽으로부터 분리된 지 오래되지 않은 것 같다.

2016.11.4. 오전 10:12, 위도 33.29.24, 경도 126.58.27, 지표고도 3m

29 우도 주간명월

위치 제주시 우도면 연평리
☞ 올레길 1-1코스

키워드 해식애, 해식동굴, 해식와지

경관 해석

주간명월은 우도 광대코지 남쪽 **해식애** 아래 뚫린 **해식동굴**로 우도 8경 중 하나이다. 주간명월은 달그리안 또는 어룡굴이라고도 불린다. 달그리안이란 '한낮에 뜬 밝은 달'이라는 의미로, 아침 햇살이 해식동굴 안쪽 깊숙이 들어오면 약 1시간 동안 물그림자가 동굴 천장에 비치는데 그 모양이 둥근 보름달 같다고 해서 붙여진 이름이다. 어룡굴은 전설 속의 어룡이 사는 동굴이라는 의미다. 현지에서는 보트 투어를 통해 주간명월을 체험하는 여행 상품이 인기다.

주간명월 해식동굴은 크게 보면 거대한 **해식와지**의 한 부분이다. 광대코지 해안 일대에는 거대한 해식와지가 2개 발달해 있는데 그중 하나의 안쪽으로 깊숙한 곳에 소규모의 해식동굴이 형성되어 있고, 그것이 주간명월이다. 관점을 달리한다면 과거에는 해식동굴이 현재 우리가 보는 해식와지 정도로 컸던 것이 동굴 천장이 붕괴되면서 대부분 해식와지로 변하고 그 일부가 지금의 주간명월이 된 것은 아닐까 하는 생각도 해 본다.

해식와지와 주간명월

주간명월은 숨어 있는 동굴이다. 사진에서 2개의 거대한 해식와지가 보이는데 이 중 왼쪽 해식와지를 따라 조금 들어가면 왼쪽 끝부분에 작은 동굴인 주간명월이 나타난다.

2016.11.4. 오전 11:51, 위도 33.29.19, 경도 126.57.45, 지표고도 30m

2016.11.4. 오전 11:53, 위도 33.29.24, 경도 126.57.41, 지표고도 -5m

2016.11.4. 오전 11:53, 위도 33.29.24, 경도 126.57.41, 지표고도 -7m

우도 주간명월

관광객들을 태운 작은 보트는 해식와지를 지나 깊숙한 동굴 안까지 들어갔다 나온다. 보트가 들어가는 통로가 과거 해식와지로 무너지기 전의 해식동굴 부분이었을 것으로 추정해 본다.

30 우도 돌칸이해안

위치 제주시 우도면 연평리
☞ 올레길 1-1코스

키워드 검은자갈해빈, 용암연, 소머리현무암, 톨레이아이트질
현무암

경관 해석

우도 소머리오름 남서쪽에 위치한 특이한 해안이다. 돌칸이는 그 생긴 모양이 소의 여물통처럼 생겼다고 해서 붙여진 이름이다. 이는 '촐까니'라는 제주어에서 비롯된 말이다. 이전에는 먹돌해안으로 불리기도 했다. 먹돌은 '검은 자갈'을 뜻하는 제주어로서 먹돌해안은 **'검은자갈해빈'**이라고 할 수 있다.

돌칸이해안에는 크게 두 가지 경관이 존재한다. 하나는 남쪽의 수직절벽 지대이고 또 하나는 북쪽의 먹돌해안 지대다. 수직절벽에는 비가 올 때만 흐른다는 비와사폭포가 있다. 이 절벽에는 소머리오름 응회구 퇴적암 단면이 그대로 드러나 있고 이곳으로부터 공급된 자갈이 쌓인 것이 바로 먹돌해안이다. 먹돌해안은 현재 낙석의 위험이 있어 출입이 통제되고 있다.

화산퇴적층 지질은 응회암류의 화산쇄설층과 현무암류 두 가지로 구성된다. 우도봉은 수성화산이자 응회구 안에 분석구가 2차적으로 형성된 이중화산인데 응회암류는 응회구의 단면이고 현무암류는 분석구가 만들어지는 과정에서 퇴적된 것이다.

소머리오름에서 현무암류는 응회구의 화구륜과 분석구 사이의 **용암연(lava pond)**[1]을 채우고 있는데(진명식 외, 2013) 이는 소머리현무암으로 불리며 암석학적으로는 **톨레이아이트질 현무암(tholeiite)**[2]으로 분류된다(고정선 외, 2005). 돌칸이해안 쪽으로 노출된 절벽지대를 잘 관찰하면 바로 소머리오름의 이러한 이중화산 형성 메커니즘을 보다 손쉽게 이해할 수 있다.

---

1. 용암연 : 응회구와 분석구로 이루어진 이중화산체인 경우 둘 사이에는 해자(moat) 형태로 환상의 분화구 골짜기가 만들어지는데 이후 분출한 용암이 이 해자에 흘러들어 식은 것을 말한다.
2. 톨레이아이트질 현무암 : 제주도 현무암은 SiO_2와 $Na_2O + K_2O$ 조성비에 따라 알칼리현무암, 전이질현무암, 톨레이아이트질 현무암 등으로 구분된다(한국지질자원연구원, 2013).

우도 돌칸이해안

우도봉의 남서쪽 절벽해안 지대이다. 우측에 기반암이 드러난 해식애가 발달해 있고 왼쪽으로는 포켓비치 형태의 자갈
해빈이 펼쳐진다. 이곳 자갈은 다른 해안의 자갈보다 수 배는 크면서도 둥글게 마식되어 있는 것이 특징이다. 자갈해빈
을 가르키는 명칭으로는 먹돌해안이라는 이름이 붙어 있다. 자갈해빈에서 왼쪽으로 더 가면 다시 암석해안이 이어진다.

2016.11.4. 오전 11:49, 위도 33.29.24, 경도 126.57.32, 지표고도 130m

소머리오름 이중화산체와 용암연의 관계 1

돌칸이해안 위쪽으로 응회구 분화구와 분석구 사이 해자에 형성된 용암연이 드러나 있다. 이 용암연 현무암층의 존재를 통해 이중화산체로서 소머리오름의 발달 메커니즘을 이해할 수 있다.

2016.11.4. 오후 12:52, 위도 33.29.34, 경도 126.57.30, 지표고도 10m

소머리오름 이중화산체와 용암연의 관계 2

용암연이 노출된 돌칸이해안 우측 절벽지대를 더 접근해서 바라본 경관이다. 오른쪽으로 응회구 퇴적층이 보이고 그 왼쪽으로 수평쐐기 모양의 분석구 하부 용암퇴적층이 보인다. 일반적으로 분석구는 쇄설물이 쌓인 오름으로 알려졌는데 사진에서 보듯이 그 메커니즘이 그리 간단하지는 않은 것 같다. 어쨌든 수평 용암층은 응회구 형성 이후 2차 화산폭발로 흘러나와 쌓인 것으로 이 용암은 북쪽 화구벽을 통해 계속 흘러나가 지금의 평탄한 우도 형태를 갖추게 되었다.

2016.11.4. 오후 12:56, 위도 33.29.33, 경도 126.57.32, 지표고도 −18m

현무암을 모암으로 하는 먹돌해안

자세히 살펴보면 자갈의 크기가 사진 오른쪽에서 가장 크고 점차 왼쪽으로 갈수록 작아지는 것을 볼 수 있다. 이를 통해 먹돌해안을 구성하는 자갈의 공급원을 우측 절벽 현무암 지층으로 추정해 볼 수 있다. 현무암을 기원으로 하기 때문에 자갈도 검은색을 띠고 결국 '먹돌'이라는 이름도 갖게 된 것이다.

2016.11.4. 오후 12:58. 위도 33.29.32. 경도 126.57.36. 지표고도 −7m

먹돌해안의 자갈 분급

이 사진에서와 같이 좀 더 고도를 낮춰 근접 촬영해 보면 자갈의 크기에 따른 분급을 훨씬 뚜렷하게 볼 수 있다.

2016.11.4. 오후 1:00. 위도 33.29.33. 경도 126.57.34. 지표고도 −16m

31 우도 홍조단괴해빈

위치 제주시 우도면 서광리
☞ 올레길 1-1코스

키워드 홍조류, 홍조단괴, 해빈, 사빈, 자갈해빈

경관 해석

폭 15m, 길이 300m 정도의 이 해빈은 과거 산호초해안으로 잘못 알려졌던 곳이다. 이는 **홍조류**라고 하는 바다 생명체에 의해 만들어진 **홍조단괴**로 이루어진 **해빈**이다. 홍조류는 광합성을 통해 세포 혹은 세포 사이의 벽에 탄산칼슘을 침전시키는 석회조류의 일종이다(권동희, 2012).

홍조단괴 자체는 이름 그대로 직경 1~8cm 크기의 '덩어리' 형태인데 이 단괴로부터 모래가 만들어져 쌓인 것이 바로 홍조단괴해빈이다. 이곳은 전반적으로 홍조단괴가 부서져 만들어진 모래가 쌓인 '사빈'이지만, 국지적으로는 단괴 자체가 그대로 쌓인 '**자갈해빈**'도 존재한다.

현재 살아 있는 홍조류에 의해 홍조단괴가 계속 성장하고 있는 곳은 성산과 우도 사이 수심 평균 15m의 얕은 바닷속이다. 우도 서쪽 우도수로가 위치한 곳으로 연안으로부터 완만한 경사를 이루고 있고 기반은 단단한 암반층인데 이 암반 위에 홍조단괴를 포함한 탄산염광물이 얇게 덮여 있다. 이곳에서 발견되는 홍조단괴들은 평균직경 7cm로 이는 약 100년 동안 성장한 것으로 조사되었다(허남국 외, 2012).

우도의 형성과 지형발달

① 1차 폭발성 화산분화 : 우도 형성 초기에 폭발성 분화가 일어나 소머리오름이 형성되었다.

② 2차 폭발성 화산분화 : 소머리오름 분화구 안에서 다시 폭발성 분화가 일어나 분석구가 만들어졌다. 이로 인해 오름의 외륜산과 분석구 사이에 환상의 골짜기가 만들어졌다.

③ 유동성 화산분화 : 분화구 내부에서 현무암질 용암이 분출되어 환상의 골짜기를 메우면서 용암연이 만들어졌고, 골짜기를 채운 뒤 남은 많은 용암은 오름 북쪽을 통해 계속 흘러나가 용암삼각주 혹은 용암대지를 만들었다.

④ 화산쇄설물의 재이동 : 화산활동이 멈춘 후 기존의 소머리오름 퇴적층의 쇄설물들이 주변으로 이동되어 현무암질 용암퇴적층 위에 부분적으로 퇴적되었다.

⑤ 풍화작용 및 해안지형 발달 : 화산활동이 멈춘 직후부터 풍화작용, 파도의 침식 및 퇴적 작용이 시작되었고 그 결과 해식애, 해식와지, 해식동, 해빈 등 다양한 해안지형이 발달했다.

우도 홍조단괴해빈

전체적으로는 홍조단괴가 부서진 모래로 된 '사빈'이지만 일부에는 홍조단괴가 그대로 쌓인 '자갈해빈'도 존재한다.

2016.4.5. 오전 9:58, 위도 33.30.03, 경도 126.56.36, 지표고도 55m

홍조단괴자갈 1

홍조류에서 만들어진 단괴자갈이다. 이 단괴자갈이 다시 잘게 부서지면 모래가 된다. 홍조단괴해빈에는 홍조단괴 자갈해빈과 홍조단괴모래해빈이 함께 존재한다.

2017.3.28. 오전 9:19, 위도 33.30.00, 경도 126.56.37, 지표고도 1m

홍조단괴자갈 2

11년 전에 찍은 사진으로 지금보다는 훨씬 큰 단괴자갈이 해안에 퇴적되어 있었다. 지금은 크기도 작아지고 양도 많이 줄어 있는 상태다. 해저에서 공급되는 단괴 양보다 풍화침식되거나 인위적으로 반출되는 양이 많아졌기 때문인 것으로 생각된다.

니콘 F90X 사진, 2006.6.

32 성산일출봉

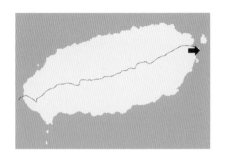

위치 서귀포시 성산읍 성산리
☞ 올레길 1코스

키워드 신양리층, 응회구, 환상단층, 응회암재동층, 스패터콘, 육계
도, 해식와지, 슬럼프

경관 해석

성산일출봉은 제주도 화산지형 중에서 비교적 젊은 지형에 속한다. 최근 연구에 따르면 성산일출봉은 약 5,000년 전에 만들어졌다고 한다. 이런 주장의 근거가 된 것은 성산일출봉과 섭지코지 사이 해안에 존재하는 **신양리층**과 그 속에 들어 있는 조개화석이다. 신양리층은 성산일출봉 분출 후 이곳의 화산쇄설물들이 파도와 연안류에 의해 다시 이동하여 쌓인 지층으로, 이 지층 속에 포함된 조개류들은 모두 5,000년 전후의 것으로 밝혀졌다(권동희, 2012).

성산일출봉은 제주도 화산발달사에 있어 마지막 수성화산활동으로 만들어졌으며, 형태적으로는 전형적인 **응회구**로 불리는 단성화산체다. 응회구란 응회암이 퇴적되어 만들어진 절구 모양의 화산체를 말하는데 성산일출봉을 신양리 쪽에서 멀리 떨어져서 바라보면 그 모양이 거대한 절구 형태를 하고 있다.

일출봉 응회구를 구성하는 분화구는 지름 약 600m, 화구륜의 고도는 최고 해발 180m이며 화구륜 등고선과 평행한 방사상의 지층구조가 나타난다. 지층 경사는 분화구 바깥쪽을 향하고 있지만 부분적으로는 안쪽으로 경사진 층도 존재한다. 화구륜 안쪽으로는 이에 평행한 단층이 관찰되는데 이는 일출봉의 분출 도중 혹은 끝난 다음에 분화구 안쪽이 침강하여 만들어진 **환상단층**(ring fault)으로 해석된다(고정선 외, 2007b). 이 환상단층은 북동쪽 일부만 소실되었을 뿐 대부분 그 윤곽이 뚜렷하다.

일출봉을 구성하는 기본 지질은 일출봉응회암이며 이로부터 기원한 쇄설물들은 다시 북서쪽 완경사 지역으로 이동되어 **응회암재동층**을, 광치기해변의 동쪽 해변으로 이동되어 해양퇴적층인 신양리층을 각각 만들었다(고정선 외, 2007b).

일출봉응회암층 아래 기반을 이루는 것은 성산리현무암층이다. 현재 일출봉 응회구 북쪽 해안에 노출되어 있는데 이곳에는 일출봉이 형성되기 훨씬 이전에 분출한 소규모 분화구 흔적이 3개 남아 있고, 화산쇄설구의 한 유형인 **스패터콘**(spatter cone) 잔존지형도 보인다. 스패터콘은 미고결상태의 용암편이 분출해서 쌓인 작은 분석구를 말한다(한국지리정보연구회, 2012).

일출봉 응회구는 원래 섬으로 탄생했지만 현재 광치기해변으로 불리는 육계사주 지형이 발달하면서 제주 본섬과 연결되어 지금은 섬이라는 명칭이 무색해졌다. 이러한 섬 아닌 섬을 **육계도**라고 하는데, 사주에 의해 연결된 섬이라는 뜻이다.

북서쪽에서 바라본 성산일출봉

뒤쪽 기반암이 드러난 부분이 일출봉 응회구이며 앞쪽의 잔디로 덮인 완사면 지대는 응회구로부터 화산쇄설물들이 다시
이동되면서 쌓인 응회암재동층이다.

2017.3.30. 오후 3:25, 위도 33.27.45, 경도 126.56.11, 지표고도 80m

남서쪽에서 바라본 성산일출봉

우측 해안으로는 파식대, 사빈 등 다양한 해안침식지형이 관찰된다. 사진 왼쪽의 완경사 지대가 응회암재동층이다.

2016.7.18. 오후 4:16, 위도 33.27.37, 경도 126.56.00, 지표고도 95m

성산일출봉 응회구 경관

수직에 가까운 사면을 따라 계단식 등산로가 만들어져 있다. 사진에서 좌, 우 2개의 등산로를 볼 수 있는데 좌측은 등산로, 우측은 하산로로 각각 이용된다.

2016.7.18. 오후 4:4, 위도 33.27.34, 경도 126.56.12, 지표고도 145m

동쪽에서 바라본 성산일출봉 1

2017.4.24. 오전 9:35, 위도 33.27.16, 경도 126.56.56, 지표고도 140m

동쪽에서 바라본 성산일출봉 2

2017.4.24. 오전 6:53, 위도 33.27.19, 경도 126.56.53, 지표고도 145m

성산일출봉 분화구와 외륜산

멀리 뒤쪽 해안으로 성산리와 성산항이 보인다. 경관상으로는 이들이 일출봉 응회구와 이어진 하나의 지형 단위로 보이지만 지형학적으로는 전혀 별개의 것이다. 성산항과 성산리 대부분은 성산리현무암층 지대로 일출봉 응회구가 만들어지기 이전에 형성된 독립된 화산체다. 성산리 동쪽 해안지대에는 3개 이상의 소규모 분화구가 관찰되는 것으로 보고되어 있다(고정선 외, 2007b).

2017.3.30. 오전 10:28, 위도 33.27.17, 경도 126.56.31, 지표고도 145m

외륜산 서쪽 능선 경관

외륜산 능선부에 전망대가 설치되어 있다. 이 전망대로 오르는 계단식 등산로가 아득하게 내려다보인다.

2017.3.30. 오전 10:35, 위도 33.27.31, 경도 126.56.23, 지표고도 120m

성산일출봉 남서쪽 해안 경관

남서쪽해안으로는 해식애, 파식대, 사빈, 암석해안, 자갈해빈, 조수웅덩이 등 다양한 해안지형이 발달해 있다.

2017.3.30. 오후 3:57. 위도 33.27.37. 경도 126.56.03. 지표고도 30m

사취 형태의 검은모래해빈

사주가 마치 새의 부리처럼 뾰족하게 형성되어 있고 바다 쪽으로 계속 연장되고 있다. 일출봉은 이러한 사주 발달 메커니즘에 의해 제주도 본섬과 연결되어 육계도가 되었다.

2017.3.30. 오후 12:33. 위도 33.27.38. 경도 126.56.04. 지표고도 40m

거력해빈과 동굴진지

성산일출봉 해안에는 일본군이 만든 18개의 동굴진지가 있다. 근대문화유산 등록문화재 311호로 지정되어 있다. 동굴진
지 앞쪽으로는 응회암 퇴적층을 반영한 넓적한 형태의 거력들이 흩어져 있다.

2017.3.30. 오후 3:48, 위도 33.27.36, 경도 126.56.05, 지표고도 20m

성산일출봉 남동쪽 절벽지대 1

수직에 가까운 해식애가 발달해 있다. 응회구를 구성하는 일출봉응회암의 수평퇴적층이 뚜렷하게 관찰된다. 절벽의 흰색
으로 보이는 부분은 바닷새의 배설물이 쌓인 것이다. 해안가에서는 만조 때 잠기고 간조 때 드러나는 파식대가 관찰된다.

2017.3.30. 오후 3:51, 위도 33.27.14, 경도 126.56.28, 지표고도 100m

성산일출봉 남동쪽 절벽지대 2

수평의 응회암 퇴적층을 반영한 거대한 해식와지가 형성되어 있다.

2017.3.30. 오후 3:55, 위도 33.27.16, 경도 126.56.21, 지표고도 110m

성산일출봉 북쪽 절벽지대

응회암층이 중력에 의해 무너져내리면서 층이 어긋나 있다. 이러한 현상을 일반적으로 매스무브먼트(mass movement)라고 하는데 이것은 그중에서도 슬럼프(slump)에 해당된다.

2017.3.30. 오후 3:09, 위도 33.27.45, 경도 126.56.19, 지표고도 60m

성산일출봉 북쪽 해안의 포켓비치

같은 사빈해안이지만 일출봉 남쪽의 해안과는 전혀 다른 특징을 보여준다. 이는 이곳 해안의 지질특성과 관련이 있다. 사진의 왼쪽 헤드랜드부터 북쪽으로는 성산리현무암층이 나타나는데 이 헤드랜드가 일출봉 응회암과 성산리현무암층의 경계가 되는 셈이다. 이 헤드랜드 일대는 스패터콘의 잔존지형으로 추정된다 (고정선 외, 2007b).

2017.3.30. 오후 12:27, 위도 33.27.38, 경도 126.56.19, 지표고도 65m

성산리현무암층이 나타나는 성산일출봉 북동쪽 해안

사진 앞쪽에 '해녀의 집'이 있고 그 뒤쪽 언덕이 일출봉 조망 전망대다. 스패터콘 쇄설층은 해녀의 집 뒤쪽 해안절벽에서 관찰된다.

2017.3.30. 오후 2:28, 위도 33.27.45, 경도 126.56.21, 지표고도 50m

성산리현무암층의 스패터콘과 분화구 흔적

일출봉 조망 전망대가 있는 헤드랜드 부분에서 스패터콘 화산쇄설물이 관찰된다.

2017.3.30. 오후 2:59, 위도 33.27.53, 경도 126.56.12, 지표고도 80m

스패터콘의 쇄설물

성산리현무암이 준폭발성 분화로 분출되어 퇴적된 것이다. 일반적인 분석구 쇄설물보다 분석의 덩어리들이 뚜렷하지 않은 것이 특징이다. 이는 분출 당시 반액체상태의 쇄설물이 퇴적되면서 굳어졌기 때문이다.

아이폰 사진, 2017.3.31. 오전 11:12, 위도 33.27.46, 경도 126.56.20.

33 광치기해변

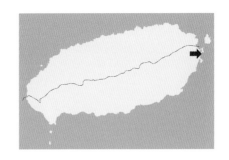

위치 서귀포시 성산읍 고성리
☞ 올레길 1코스

키워드 육계사주, 육계도, 신양리층, 해안사구

경관 해석

성산일출봉과 제주 본섬 사이에 있는 해변이다. 해변 그 자체가 육계사주라는 독특한 성격을 지니고 있다. 육계사주는 모래나 자갈이 파도나 연안류에 의해 길게 퇴적되면서 사주가 연안의 섬과 연결된 것을 말한다. 이때 연결된 섬을 육계도라고 한다. 제주에서는 광치기해변, 섭지코지해변, 서건도해변 등에서 이러한 현상이 관찰된다.

성산일출봉은 원래 섬이었지만 제주 본섬과 성산일출봉 사이에 이 광치기해변 육계사주가 발달하여 두 지점을 연결함으로써 섬으로서의 기능은 사라졌고 결국 육계도가 되었다. 광치기해변은 현재 제주 본섬에서 성산일출봉으로 진입하는 주요 통로가 되어 있다.

광치기해변의 남동쪽 해안에는 제주도에서 가장 젊은 퇴적층인 신양리층이 발달해 있고 그 배후에 해안사구가 형성되어 있다.

광치기해변과 성산일출봉 1
2017.2.3. 오후 12:25, 위도 33.26.59, 경도 126.55.18, 지표고도 70m

광치기해변과 성산일출봉 2

광치기해변은 제주 본섬과 성산일출봉을 연결한 육계사주로, 일출봉으로 들어가는 도로가 개설되어 있다. 해변 우측에는 신양리층이 노출되어 있고 그 배후에 해안사구가 형성되어 있다.

2017.2.3. 오전 11:46, 위도 33.26.46, 경도 126.55.10, 지표고도 140m

광치기해변과 성산일출봉 3

오른쪽 해안을 따라 신양리층이 선명하게 드러나 있다. 신양리층은 만조 때는 대부분 잠기고, 간조 때 살짝 물 위로 드러난다.

2017.2.3. 오전 11:53,
위도 33.27.13, 경도 126.55.28,
지표고도 110m

제주 본섬 쪽으로 바라본 광치기해변 풍경 1

뒤로 멀리 한라산이 보인다. 제주 해안에서는 어느 곳에서나 얼굴을 들면 한라산이 눈에 들어온다. 한라산이 곧 제주도
인 셈이다.

2017.2.3. 오후 12:20. 위도 33.27.23. 경도 126.55.40. 지표고도 100m

광치기해변 육계사주와 성산일출봉 육계도

2016.6.14. 오후 4:33. 위도 33.27.26. 경도 126.55.34. 지표고도 145m

제주 본섬 쪽으로 바라본 광치기해변 풍경 2

광치기해변 육계사주를 만든 사주가 제주 본섬과 맞닿은 지점이다.

2017.2.3. 오후 12:22, 위도 33.27.08, 경도 126.55.31, 지표고도 100m

광치기해변 북쪽 경관

광치기해변 육계사주에 의해 해안이 차단되어 일종의 석호 지형이 발달했다.

2017.2.3. 오후 12:24, 위도 33.26.59, 경도 126.55.23, 지표고도 110m

34 신양리층

위치 서귀포시 성산읍 신양리

☞ 올레길 2코스

키워드 해저퇴적층, 마린포트홀, 자연교, 시아치

경관 해석

신양리층은 성산일출봉 응회구를 구성하는 쇄설물과 해양성 퇴적물들이 쌓인 **해저퇴적층**이다. 대부분 왕모래와 잔자갈로 구성된 암갈색의 준고결층이지만 일부 현무암 자갈도 포함되어 있다. 이는 성산일출봉에 인접한 북서쪽 분석구에서 유입된 것으로 추정된다(박명호 외, 2005).

신양리층은 약 4,000년 전 표선현무암 위에 쌓인 것인데 제주도 남서쪽 사계리와 하모리해안에 퇴적된 하모리층과 함께 제주에서는 가장 젊은 퇴적층으로 알려져 있다. 이들 퇴적층은 성산일출봉이나 송악산 형성시기를 추적하는 데 하나의 주요한 단서가 되고 있다.

그러나 신양리층과 하모리층은 형성 메커니즘 면에서는 서로 다른 과정을 겪은 것으로 알려졌다. 퇴적층의 위치를 비교했을 때 신양리층은 대부분 조간대 이하에 분포하지만, 하모리층은 주로 조간대보다 수 m 위쪽에 노출되어 있는 특징을 보인다. 이러한 퇴적환경 차에 의해 신양리층은 현무암질 유리가 해수와 반응하여 고화되었지만, 하모리층은 현무암질 유리가 토양층을 통과하는 지표수와 반응하여 변질되었고 변질산물로서 스멕타이트가 공극에 침전되어 퇴적층이 교결된 것으로 밝혀졌다(정기영 외, 2009; 정기영, 2009).

신양리층은 성산일출봉에서 시작해서 광치기해변을 지나 섭지코지 북동쪽 해변에 이르기까지 폭넓게 분포한다. 지층의 명칭은 이곳의 행정지명인 신양리에서 비롯되었다. 대부분 만조 때는 잠기고 간조 때만 드러난다. 부분적으로 침식이 진행되어 지층이 단절된 곳이 많지만, 전반적으로 조각난 퍼즐을 맞추어 보면 섭지코지 쪽에서 성산리 쪽으로 갈수록 지층의 두께는 두꺼워지고 구성물질의 크기도 커지는 특징을 보인다. 이는 신양리층을 구성하는 퇴적물의 공급원이 성산일출봉이었다는 증거가 된다.

현재 신양리층은 풍화와 파도의 침식에 의해 상당 부분 소실되어 그 원형을 찾아보기는 힘들다. 그 대신에 대표적 해안침식지형인 **마린포트홀**(marine pothole)[1], **자연교**(natural bridge)[2] 등이 발달해 있다.

---

1. 마린포트홀 : 바닷가 기반암에 작은 구멍이 생기고 이 구멍에 모래 알갱이나 자갈이 들어가 파도가 칠 때마다 회전운동을 하면서 마모시켜 만들어진 구멍을 말한다.

2. 자연교 : 풍화와 침식작용에 의해 아치 모양의 미지형이 발달한 것이다. 시아치라고도 한다. 다양한 요인에 의해 만들어지지만 해안지역에서는 파도의 작용에 의해 동굴이 뚫리거나 마린포트홀이 결합되면서 형성되는 것이 일반적이다. 전자의 경우 규모가 크지만 후자의 경우에는 상대적으로 작은 규모의 자연교가 만들어진다.

광치기해변과 신양리층 1

신양리층은 만조 때는 잠기고 간조 때만 드러나는 간조대에 위치해 있다. 사진은 대부분 물속에 잠기는 만조 때 모습이다.

2017.2.3. 오전 10:33, 위도 33.26.29, 경도 126.55.31, 지표고도 145m

광치기해변과 신양리층 2

2017.2.3. 오후 12:30, 위도 33.27.10, 경도 126.55.32, 지표고도 90m

섭지코지해변 북서쪽의 신양리층

2017.2.21. 오후 3:13, 위도 33.26.18, 경도 126.55.23, 지표고도 50m

광치기해변 북동쪽의 신양리층

2017.2.21. 오후 3:32, 위도 33.26.18, 경도 126.55.23, 지표고도 20m

마린포트홀 발달로 침식이 진행된 신양리층

독립된 마린포트홀이 결합되면서 기반층이 점차 소실되어 가는 양상이다.

2017.2.21, 오후 3:02, 위도 33.26.18, 경도 126.55.22, 지표고도 20m

마린포트홀

전형적인 마린포트홀은 상대적으로 강한 암질의 기반암에서 관찰된다.

2017.2.21, 오후 3:28, 위도 33.26.16, 경도 126.55.24, 지표고도 3m

마린포트홀이 결합된 자연교 1

서로 다른 2개의 마린포트홀이 합쳐질 때는 기저부 쪽에서 먼저 결합되기 때문에 이와 같은 아치 모양의 돌다리를 만들어 놓는다.

2017.2.21. 오후 3:06, 위도 33,26,18, 경도 126,55,22, 지표고도 3m

마린포트홀이 결합된 자연교 2

퇴적층의 수평층리를 그대로 반영하고 있다. 신양리층은 모래알갱이들이 주로 퇴적된 것으로 아직 덜 고화된 상태이다. 견고하지 못해 이러한 경관을 오랫동안 지속시키지는 못한다.

2017.2.21. 오후 3:06, 위도 33,26,18, 경도 126,55,22, 지표고도 −1m

마린포트홀군

횡적으로 집단적 배열 특성을 보이고 있다. 풍화나 침식이 암석의 경연의 차에 의해 차별적으로 진행되고 있음을 보여
주는 좋은 예이다.

2017.2.21. 오후 3:21. 위도 33.26.16. 경도 126.55.23. 지표고도 100m

기반암의 붕괴와 자갈 형성

상대적으로 덜 단단한 기반층은 이렇
게 조각이 나면서 점차 자갈과 모래
가 된다. 모래로부터 만들어진 신양
리층이 다시 모래 공급원이 되고 있
다. 해안퇴적지형의 새로운 윤회가
시작되는 것이다.

2017.2.21. 오후 3:15. 위도 33.26.17.
경도 126.55.22. 지표고도 15m

35 섭지코지해변

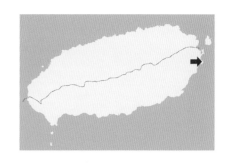

위치 서귀포시 성산읍 신양리
☞ 올레길 2코스

키워드 육계사주, 육계도, 해안사구

경관 해석

섭지코지는 신양리 해안에 돌출된 곶 지형이다. '섭지'는 재사(재주가 뛰어난 사람)를 많이 배출하는 지세라는 뜻이며 '코지'는 곶의 제주어이다.

섭지코지는 원래 제주 본섬에서 떨어진 작은 화산섬이었지만 **육계사주**에 의해 제주 본섬과 연결됨으로써 **육계도**가 되었다. 섭지코지 육계사주는 그 길이가 다른 지역의 육계사주에 비해 상대적으로 짧지만, 대규모의 사빈이 발달해 있어 여름철 해수욕장으로 각광을 받고 있다. 육계사주 배후에는 상당한 두께의 **해안사구**가 형성되어 있기도 하다.

해안사구는 바람에 의해 사빈의 모래가 날아가 사빈 뒤쪽 해안을 따라 길게 퇴적된 지형이다. 모래 공급량이 많고 일정한 방향에서 바람이 불어오는 조건이면 해안사구가 잘 발달한다. 제주에서는 김녕-월정 해변, 중문해변, 섭지코지해변 등지에 국지적으로 소규모 해안사구가 발달해 있다.

제주 본섬에서 바라본 섭지코지와 육계사주
왼쪽이 신양리층이 나타나는 해안이고 오른쪽이 섭지코지해변이다.
2017.1.29. 오후 3:11. 위도 33.26.15. 경도 126.55.10. 지표고도 135m

섭지코지 육계도

섭지코지에서 제주도 본섬 쪽을 바라본 경관이다. 멀리 가운데 보이는 것이 한라산이다.

2017.2.3. 오전 9:31, 위도 33.25.48, 경도 126.56.23, 지표고도 145m

제주 본섬에서 바라본 섭지코지해변과 섭지코지

오른쪽 해안에서는 또 다른 사주가 바다 쪽으로 길게 형성되고 있다. 간조 때면 그 윤곽이 분명하게 드러난다.

2017.1.29. 오후 3:08, 위도 33.26.06, 경도 126.54.55, 지표고도 135m

간조 때의 섭지코지 육계사주

물이 빠지면 전형적인 해안퇴적지형들이 모식적으로 형성된다. 바로 앞쪽부터 모래갯벌-사빈-육계사주-해안사구가 차례로 나타난다. 모래갯벌과 사빈의 경계는 애매하지만 사진 중간쯤 짙은 녹색의 해조류가 띠를 두르고 있는 부분을 경계로 보면 된다.

2017.1.29. 오후 3:42, 위도 33.25.58, 경도 126.55.22, 지표고도 70m

만조 때의 섭지코지 육계사주

2016.8.22. 오후 3:06, 위도 33.26.00,
경도 126.55.27, 지표고도 115m

섭지코지해변 천연풀장

썰물 때 어느 정도 물이 빠지면 드넓은 사빈이 드러난다. 광활한 천연풀장이 생기는 것이다. 그 풍경은 표선해비치해변과 비슷하다.

2017.2.3. 오전 10:29, 위도 33,26,15, 경도 126,55,35, 지표고도 130m

해안사구

파랑에 의해 퇴적된 사주 위에 바람이 운반해 온 모래가 다시 퇴적되어 최종적으로는 해안사구가 되었다. 해안사구는 섭지코지해변에서 시작해 광치기해변까지 길게 이어진다. 섭지코지 자체의 사구지대는 리조트 단지가 들어서면서 대부분 사라졌다.

2017.2.3. 오전 10:26, 위도 33,26,09, 경도 126,55,25, 지표고도 100m

36 붉은오름과 선돌

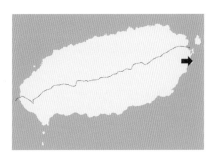

위치 서귀포시 성산읍 신양리

☞ 올레길 2코스

키워드 분석구, 시스택, 화산암경, 스트롬볼리식 분화, 용암삼각주

경관 해석

붉은오름은 섭지코지 해안에 있는 **분석구**를 말한다. 분석구의 쇄설물이 붉은색을 띤다고 해서 붙여진 이름이다. 인근에 **시스택** 형태로 우뚝 서 있는 선돌의 이름을 따서 선돌 분석구로 부르기도 한다. 선돌은 과거 붉은오름의 분화구가 해체되면서 남은 잔존물인 것으로 보인다. 선돌의 주변으로는 환상의 용암층이 남아 있는데 이 범위가 과거 분화구의 경계로 여겨진다(고정선 외, 2007).

선돌은 일종의 **화산암경**(volcanic neck)으로 볼 수 있다. 화산암경은 마그마의 분출 통로인 화도를 메우고 있는 집괴암을 말한다. 여기에는 화산재, 화산탄, 용암 등이 모두 포함된다. 굳어지는 위치에 따라 상부는 화산암, 하부는 반심성암으로 분류된다. 암경 부분은 화산체가 해체되는 과정에서 끝까지 침식되지 않고 남아 기둥 모양으로 지표에 드러나는 경우가 많다(한국지리정보연구회, 2012).

붉은오름은 두 차례에 걸쳐 형성되었는데 처음에는 **스트롬볼리식**(strombolian) **분화**[1]에 의해 분석구가 형성되었고 이어 현무암질 용암이 분출하였다. 현무암질 용암은 분화구를 충진한 후 분석구의 북서쪽으로 흘러넘치면서 기존 분석구를 파괴시켰고 더 북쪽으로 흘러 **용암삼각주**를 만들었다. 분석구의 규모는 직경 350m, 고도 45m 이상(현재는 30m), 분화구 직경 50m 이하인 것으로 추정된다.

붉은오름은 이 일대 섭지코지 지형 형성에 직접적인 영향을 주었을 것으로 추정되는데, 침식에 약한 분석구인 붉은오름은 바로 바닷가에 위치해 있어 파랑의 침식에 의해 그 형체가 대부분 사라졌고 지금은 분석구 북측 일부(약 1/8)만 남아 있는 상태다(고정선 외, 2007). 현재 등대가 서 있는 언덕은 분석구의 잔존물에 해당된다. 침식으로 드러난 절벽면에는 오름의 이름 그대로 붉은색의 분석 퇴적층이 관찰된다.

---

1. 스트롬볼리식 분화 : 방추상 화산탄과 스코리아 등이 주기적으로 수십~수백 m 높이로 분출하는 형식이다. 이때 방출된 스코리아는 화구 주변에 쌓여 스코리아콘이나 스코리아마운드 같은 분석구를 만들게 된다. 이탈리아 스트롬볼리 화산에서 그 이름이 붙여졌다(한국지구과학회, 2009).

섭지코지 붉은오름과 선돌

사진 중앙의 등대가 서 있는 곳이 붉은오름의 일부인 분석구 잔존물이고 그 앞쪽 해안에 서 있는 선돌은 화산암경이 노
출된 것이다.

2016. 8.22. 오후 3:41, 위도 33.25.31, 경도 126.56.05, 지표고도 145m

선돌

파랑의 침식에 의해 붉은오름의 대
부분은 해체되어 없어지고 분화구
내부 화산암경이 남아 있는 것이다.
선돌을 둘러싼 암석에 환상의 퇴적
구조가 발달해 있다.

2016. 8.22. 오후 3:42, 위도 33.25.34,
경도 126.56.05, 지표고도 135m

붉은오름과 선돌 1

2016.8.22. 오후 3:42. 위도 33.25.34, 경도 126.56.04, 지표고도 140m

붉은오름과 선돌 2

2016.8.22. 오후 4:51. 위도 33.25.37, 경도 126.56.01, 지표고도 140m

붉은오름과 선돌 3
2016. 8.22. 오후 4:50, 위도 33.25.43, 경도 126.56.01, 지표고도 145m

붉은오름과 선돌 4
2016. 8.22. 오후 4:50, 위도 33.25.43,
경도 126.56.01, 지표고도 145m

37 섭지코지 용암벽

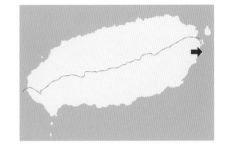

위치 서귀포시 성산읍 신양리
☞ 올레길 2코스

키워드 용암수로, 용암벽, 용암제방

경관 해석

한라산 기슭의 분화구에서 흘러나온 용암은 사면경사를 따라 바다로 흘러드는데 이때 용암이 흐르던 통로를 **용암수로**(lava channel)라고 한다. 용암통로, 용암터널 등으로도 불린다. 용암수로 양쪽은 중심부와의 차별적 냉각에 의해 먼저 식으면서 자연제방과 같은 벽이 만들어지는데 이를 **용암벽** 혹은 **용암제방**이라고 한다. 용암벽의 흔적을 통해 용암이 어떤 방향으로 흘렀는지를 추정해 볼 수 있다.

제주에서는 섭지코지 해안에서 유일하게 관찰된다. 섭지코지 주차장을 지나 산책로로 올라서면 오른쪽 절벽 아래로, 비교적 뚜렷한 형태의 용암수로와 용암벽의 흔적을 관찰할 수 있다. 이러한 지형경관들은 최근 화산지형 연구에서 '용암미지형'이라는 개념에 포함시켜 활발하게 연구를 진행하고 있다.

용암벽 1
2016.8.25. 오전 7:31, 위도 33.25.25, 경도 126.55.53, 지표고도 25m

용암벽 2

2016.8.25. 오전 7:32, 위도 33.25.24, 경도 126.55.53, 지표고도 20m

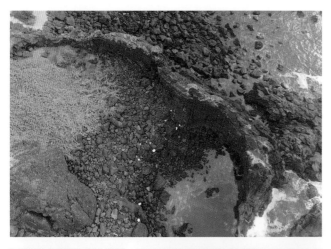

용암벽 3

2016.8.25. 오전 7:43, 위도 33.25.25, 경도 126.55.52, 지표고도 40m

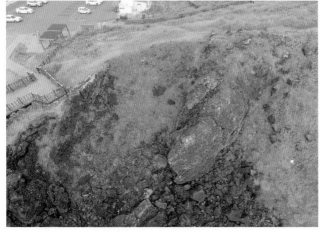

용암벽 4

2016.8.25. 오전 7:40, 위도 33.25.25, 경도 126.55.51, 지표고도 30m

38 표선해비치해변

위치 서귀포시 표선면 표선리
☞ 올레길 3-A코스

키워드 사빈, 모래갯벌, 패사해빈

경관 해석

표선해비치해변은 아주 독특한 평면 형태를 갖고 있는 **사빈**이다. 해변의 길이는 200m, 폭은 800m로 내륙 쪽으로 깊숙이 들어가 있는 U자형이기 때문이다. 이러한 평면적 특징으로 인해 만조 때가 되면 수심 1m 내외의 얕은 호수가 되었다가 간조 때는 거대한 타원형의 백사장이 된다. 이러한 형태의 해변은 이곳 해비치가 전국에서도 유일하고 세계적으로도 아주 드물다.

백사장 양옆으로는 바다 쪽으로 검은색의 현무암질 기반암이 드러나 있는데 이곳이 과거 한라산 쪽에서 바다 쪽으로 용암이 흘러내린 계곡이 아니었나 하는 생각을 해 본다. 이러한 특징은 화순금모래해변 서쪽에 숨어 있는 '복합포켓비치'와 많이 닮았다. 지형학적으로 매우 흥미로운 해변이다.

이곳 해변처럼 만조 때는 잠기고 간조 때 드러나는 해안은 지형학적으로 간석지 혹은 갯벌이라고 부른다. 그리고 그 구성물질에 따라 뻘갯벌, 모래갯벌, 자갈갯벌, 혼합갯벌 등으로 구분한다(이윤화, 2005). 이러한 개념으로 보면 표선해비치해변은 만조 때도 드러나 있는 순수한 해빈은 아니며 일종의 **모래갯벌**이라고 불러야 될 것이다.

해빈의 모래는 조개껍질 등이 부서져 만들어진 것으로, 전형적인 **패사해빈**에 해당된다.

갈매기들의 휴식처 모래갯벌
썰물 때는 약 48,000평의 광활한 사빈이 드러나는데 이 같은 모래갯벌은 갈매기들의 휴식처로 그만이다.
2017.1.29. 오후 2:18, 위도 33.19.37, 경도 126.50.15, 지표고도 3m

밀물 때의 표선해비치해변

U자형으로 깊숙이 파인 해안으로 바닷물이 들어오면 해변은 수심 1m 내외의 대형 호수로 변한다. 가장 깊은 곳도 성인 무릎 내지 허리 높이 정도가 되어 가족 단위로 해수욕을 즐기기에 그만이다.

2016.8.18. 오전 11:08, 위도 33.19.46, 경도 126.50.46, 지표고도 147m

표선해비치해변 인근의 또 다른 해변풍경

가장 일반적인 해빈 경관이다. 이 해변과 비교해 보면 표선해비치해변이 얼마나 독특한 평면 형태를 하고 있는지 알 수 있다.

2017.1.29. 오후 2:10, 위도 33.19.46, 경도 126.50.33, 지표고도 25m

썰물 때의 표선해비치해변

수심이 얕기 때문에 조금만 물이
빠져나가면 거대한 U자형의 모
래사장이 드러난다. 사진상에서
왼쪽 해안도로를 넘어 모래가 퇴
적되어 있는 것을 볼 수 있다. 도
로 개설 이전에는 이 거대한 모
래사장이 왼쪽 내륙 쪽으로 훨씬
깊이 들어와 있었을 것으로 추측
된다.

2017.1.29. 오후 1:48, 위도 33.19.25,
경도 126.50.09, 지표고도 130m

39 남원 큰엉해안경승지

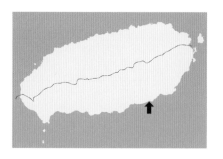

위치 서귀포시 남원읍 남원리
☞ 올레길 5코스

키워드 해식애, 해식와지, 해식동, 해안단구, 튜물러스, 태흥리현무암

경관 해석

남원 큰엉해안 일대는 전형적인 암석해안으로 **해식애, 해식와지, 해식동, 해안단구** 등 모식적인 해안침식지형이 어우러져 그야말로 경승을 이룬다. 그중에서도 가장 돋보이는 지형경관은 거대한 해식와지이다. '큰엉'은 '큰(바위) 언덕'이라는 뜻의 제주 토속어로 해식와지를 뜻한다. 일부 해식와지 바닥에서는 전형적인 **튜물러스** 경관도 관찰된다.

또한 그리 높지 않은 절벽지대가 길게 이어져 있고 그 위로 올레길이 지나고 있어 해안경관을 감상하기에 이보다 좋은 곳을 찾기 힘들다. 특히 올레길 5코스의 상록활엽수 숲터널은 최고의 힐링 산책로다.

이곳은 주상절리가 발달해 있지 않으면서도 거대한 해식애가 연속적으로 멋지게 형성되어 있다. 현장에서 관찰한 바로는 침식저항성이 다른 용암이 호층으로 쌓여 있기 때문인 것으로 보인다. 남원 큰엉해안부터 시작되는 해안절벽지대는 서쪽으로 대평리 박수기정까지 길게 이어진다.

남원 큰엉해안 일대의 암석은 **태흥리현무암**이다. 이 현무암은 제주 형성과정을 크게 4단계(1. 기저현무암분출기, 2. 용암대지형성기, 3. 한라산체형성기, 4. 기생화산형성기)로 구분할 때 제2단계 화산활동으로 형성된 암석이다(김용순 외, 2012). 최소 6매 이상의 현무암질 용암류가 호층을 이루고 있는데 이들 용암류의 호층 간 침식저항강도의 차이에 의해 현재의 수직절벽해안이 발달한 것으로 보인다.

제주도의 해안침식지형

① 해식애

제주도의 해식애는 주상절리나 화산퇴적암층과 관련해서 주로 발달한다. 갯깍주상절리대, 박수기정, 중문 해안, 성산일출봉 일대에서 관찰된다.

② 파식대

제주도에서는 엄격한 의미에서 파식대는 드물며 암석해안이 발달함으로써 이것이 파식대 형태로 나타나는 것이 일반적이다. 용머리해안, 성산일출봉해안 등지에서 관찰된다.

③ 해식와지

파식대와 해식애 경계부에서 해식동이 발달하는 초기에 형성되는 미지형이다. 남원 큰엉해안경승지, 우도 광대코지해안 등이 대표적 사례이다.

④ 해식동

해식와지의 침식이 더욱 진행되어 발달한 것으로 우도 주간명월, 우도 동안경굴 등이 여기에 속한다.

⑤ 시스택

해식동이 더욱 침식되면 고립된 기반암 기둥인 시스택이 바닷가에 존재하게 되는데 제주의 대표적 관광지 형인 외돌개는 그 대표적 예이다.

⑥ 조수웅덩이

암석해안에는 차별풍화와 침식에 의해 크고 작은 웅덩이가 만들어지는데, 조수 때 들어온 바닷물이 빠져나 가지 못할 정도로 큰 웅덩이들은 독립된 하나의 생태계를 이루게 된다. 보목동 소천지 해안, 예래동 해안 등 지에서 관찰된다.

남원 큰엉해안경승지 경관

절벽 위로 올레길 5코스가 이어지는데 약 1km 구간의 산책로가 조성되어 있다. 절벽 아래로는 수십 개의 크고 작은 해 식와지와 해식동굴이 이어져 있어 그 자체가 장관을 이룬다. 건물이 들어선 곳은 일종의 해안단구라고 할 수 있다.

2016.8.22. 오전 8:05, 위도 33.16.20, 경도 126.42.20, 지표고도 70m

해식와지 1

2016.5.5. 오전 9:30, 위도 33.16.18, 경도 126.42.05, 지표고도 130m

해식와지 2

사진 우측 앞쪽에 커다란 해식와지가 보인다. 와지 깊숙이 해식동굴이 발달하기 시작했다.

2016.8.22. 오전 8:12, 위도 33.16.18, 경도 126.42.06, 지표고도 50m

해식와지와 튜물러스

해식와지 바닥에서는 전형적인
튜물러스도 관찰된다. 아직 침식
이 진행되지 않은 상태다.

2016.8.22. 오전 7:53, 위도 33.16.18,
경도 126.42.04, 지표고도 90m

남원 큰엉해안경승지 서쪽 해안 경관

해안절벽지대는 규모와 형태는 조금씩 다르지만 제주도 남쪽해안을 따라 길게 안덕면 해안까지 이어진다. 이러한 지형
적 특징은 제주도가 남쪽으로 치우쳐 차별융기되었음을 설명하는 단서로 이용되기도 한다. 서로 시기를 달리하는 용암
누층군이 잘 드러나 있다.

2016.8.22. 오전 8:12, 위도 33.16.16, 경도 126.42.03, 지표고도 50m

40 쇠소깍

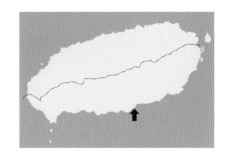

위치 서귀포시 남원읍 하효동
☞ 올레길 5코스

키워드 용천, 소, 협곡, 두부침식, 포트홀

경관 해석

쇠소깍은 효돈천 하구 계곡의 **용천**에 의해 만들어진 자연호수계곡이다. 효돈천은 한라산 남쪽을 흐르는 하천 중 가장 긴 하천으로 건천 구간이 많지만, 돈내코 및 쇠소깍 일대에서는 항상 맑은 물이 흘러 물이 귀한 제주에서 대표적 하천 유원지가 되었다. 쇠는 소, 소는 연못, 깍은 끝을 의미 것으로 '마을 끝에 있는 소 모양 연못'이라는 뜻이다. 쇠소깍이라는 지명이 생기기 전에는 '소가 누워 있는 형태'라는 뜻에서 쇠둔이라고 불렸다(Jejutour.go.kr).

가장 흥미로운 것은 쇠소깍의 소가 좁고 깊은 **협곡**을 이루고 있고 바다와 바로 연결되어 있다는 점이다. 이러한 특징은 해안으로부터 **두부침식**[1]이 하천 상류 쪽으로 진행되면서 협곡을 만들었고 그 입구에 모래와 자갈이 쌓여 물웅덩이가 형성되었기 때문이다.

두부침식의 증거가 되는 것이 경사급변점인데 쇠소깍 위쪽 하상에 상, 하 2단으로 형성되어 있는 것이 관찰된다. 하단의 것은 쇠소깍의 경계지형이고 상단의 것은 하단보다는 규모가 작지만 새로운 두부침식이 시작되는 곳이다. 오랜 시간이 지나면 이 구간은 제2의 쇠소깍이 형성될 가능성이 높다. 경사급변점은 비가 많이 올 경우 폭포로 변신한다.

---

1. 두부침식 : 하천의 침식작용이 상류 쪽으로 진행되어 하천의 유로를 연장해 가는 현상을 말한다. 원추화산체인 한라산에는 약 60여 개의 하천이 한라산 정상 쪽으로 두부침식을 진행하면서 유로를 연장해 왔는데 그 선단 표고가 약 1,400~1,600m인 것으로 조사되었다(윤정수 외, 1994). 그러나 이 표고는 1차적인 것이고 2차적으로 지각변동 등 다양한 요인에 의해 두부침식이 다시 시작되는 경우가 있는데 그 대표적인 예가 폭포나 급류들이다.

제주의 하천과 지형

제주도 하천의 특징은 대부분 직류하천이면서 건천이라는 점이다. 이는 화산섬으로서 제주도의 지형적 특징을 잘 반영한 것이다. 이들 하천에는 폭포, 소, 포트홀, 협곡 등 전형적인 하천침식지형들이 발달해 있다.

① 직류하천

크게 보면 제주도의 대부분 하천은 한라산 산록지대에서 발원해 해안으로 흘러 들어가는 방사상 하계망 구조라고 할 수 있다. 그러나 동서방향으로 타원형인 지형적 특징을 반영해서 주요한 하천들은 대부분 한라산을 중심으로 남, 북사면을 따라 흐른다. 이들 하천은 거의 곡류를 하지 않는 직류하천이다. 일반적으로 대부분의 산지하천은 곡류를 하지 못하고 거의 직선 형태로 흐르는 것이 특징이다. 강정천이 대표적인 예이다.

② 건천

제주도 하천들의 하도는 대부분 기반암이 드러난 산지하천의 특징을 보인다. 이들 기반암은 특히 투수율이 높은 화산암류로 되어 있고 지하에 동굴이 발달해 있어 지표수가 쉽게 땅속으로 스며든다. 결국 하천들은 많은 비가 올 때만 잠시 흐르고 평상시는 말라 있는 건천이 되는 것이다. 효돈천 등이 대표적인 예이다.

③ 소

제주도 하천은 대부분 건천이지만 곳곳에 물웅덩이가 형성된 곳이 적지 않다. 이 같은 소는 하천 바닥에서 솟아나는 용천수가 고여 형성된 것으로 제주도에서는 이런 곳들이 주요 하천관광지로 개발되어 있다. 효돈천 쇠소깍, 강정마을 냇길이소, 천제연 상단폭포 등이 좋은 예이다.

④ 포트홀

하천의 암반하상에는 하천침식지형인 포트홀이 잘 발달되어 있다. 효돈천 하구 암석하상에서 잘 관찰된다.

⑤ 협곡

제주도에는 화산암의 특징인 주상절리를 반영하고 두부침식이 진행된 결과 좁고 깊은 형태의 협곡이 발달한 곳이 많다. 안덕계곡과 천지연계곡이 대표적인 예이다.

⑥ 폭포

제주도에서 폭포는 단애가 집중적으로 분포하는 서귀포 해안 일대에 집중되어 있다. 천지연폭포, 정방폭포, 소정방폭포 , 천제연폭포, 엉또폭포 등이 좋은 예이다. 천제연폭포는 3개의 폭포로 이루어져 있는데 제2폭포는 지하수폭포이다. 즉 지하에서 용출되는 물이 폭포수의 원천이 되기 때문에 붙여진 이름이다.

제주의 하천지형

구분		대표 지역
침식지형	폭포	43.소정방폭포, 44.정방폭포, 45.천지연폭포, 54.엉또폭포, 56.천제연폭포
	폭호	45.천지연폭포, 54.엉또폭포, 56.천제연폭포
	두부침식	45.천지연폭포, 56.천제연폭포
	협곡	45.천지연폭포, 56.천제연폭포
	소	40.쇠소깍, 53.냇길이소
	포트홀	40.쇠소깍, 53.냇길이소
	하식동	45.천지연폭포
퇴적지형	하중도(모래톱, 자갈톱)	45.천지연폭포(모래톱), 53.냇길이소(자갈톱)

효돈천과 쇠소깍

효돈천은 전형적인 건천이지만 이곳 쇠소깍 일대에서는 용천에 의해 깊고 맑은 소가 형성되어 있다.

2016.8.06. 오전 8:05, 위도 33.15.00, 경도 126.37.29, 지표고도 149m

효돈천 경관

효돈천은 한라산에서 발원하여 쇠소깍 하구까지 약 13km를 흐르는데 하천 계곡의 생태숲은 유네스코 생물권보전지역으로 지정되어 있다. 사진은 쇠소깍 상류 구간으로 전형적인 암석하상으로 된 건천이다.

2016.8.05. 오후 3:07, 위도 33.15.20, 경도 126.37.22, 지표고도 70m

쇠소깍 하류

쇠소깍 용천에서 나오는 민물과 바닷물이 만나는 기수역이다. 사진 우측 계곡을 따라 길게 암반이 드러나 있는데 이는 바로 해안에서 육지 쪽으로 두부침식이 진행되었음을 보여 주는 좋은 증거이다.

2016.8.06. 오전 8:07, 위도 33.15.06, 경도 126.37.28, 지표고도 15m

용천수와 쇠소깍

효돈천은 전형적인 건천이지만 쇠소깍은 자연용출수에 의해 365일 맑은 물이 가득 차 있다. 용천수를 기준으로 그 위쪽의 건천과 아래쪽의 용천계곡이 뚜렷이 구분된다.

2016.8.05. 오후 3:18, 위도 33.15.14, 경도 126.37.22, 지표고도 120m

제2의 쇠소깍

쇠소깍 위쪽 암석하상에 제2의 쇠소깍이 형성되고 있다. 2차적 두부침식이 진행되면서 만들어진 암석협곡이다.

2016.8.05. 오후 4:09, 위도 33.15.15, 경도 126.37.21, 지표고도 80m

상단의 두부침식 현장

제2의 쇠소깍이 만들어지고 있는 암석협곡 상류 경계부 모습이다. 이곳에서도 자연용출수가 솟아나와 적은 양이기는 하지만 소가 형성되어 있다. 상류 쪽 암석하상에는 전형적인 포트홀들이 형성되어 있다.

2016.8.05. 오후 3:13, 위도 33.15.21, 경도 126.37.23, 지표고도 15m

암석하상의 포트홀

2016.8.05. 오후 3:07. 위도 33.15.20.
경도 126.37.22. 지표고도 70m

제2의 쇠소깍에서 하류 쪽을 바라본 경관

상단 경사급변점에서 하류 쪽을 바라본 경관이다. 멀리 보이는 암석 경계부 아래에 쇠소깍이 있다. 바로 앞에 보이는 암석협곡이 제2의 쇠소깍이 될 확률이 높다.

2016.8.05. 오후 3:13. 위도 33.15.21. 경도 126.37.23. 지표고도 15m

41 섶섬

위치 서귀포시 보목동
☞ 올레길 6코스

키워드 무인도, 돔상화산체, 해식애, 파식대, 토르, 타포니

경관 해석

보목동 해안 약 1.2km 해상에 있는 **무인도**다. 숲이 무성해서 숲섬이라고 했던 것이 음이 변해 섶섬이
되었다(국토지리정보원, 2015). 동서 길이 630m, 남북 길이 380m의 타원형 섬으로 높이는 155m 정도
다. 삼도파초일엽 자생지로서 섬 전체가 천연기념물(18호)로 지정되어 있다.

서귀포 해안 일대에는 섶섬, 문섬, 범섬 등 '삼형제섬'이 이어져 있는데 이들 섬은 제주도의 다른 섬들
과는 다른 독특한 형태를 하고 있다. 삼형제섬은 제주도에서 가장 오래된 지형 중 하나로 약 50만 년 전에
탄생한 조면암 조성의 **돔상화산체**(고기원 외, 2010)다. 이러한 지질구조를 반영하여 섬은 **해식애**와 **파식
대**로 360도 둘러싸여 있고 그 자체만으로도 멋진 경관을 연출하고 있다.

섶섬 남쪽은 단애를 이루고 있고 북쪽은 다소 완경사로서 전체적으로 비대칭 사면이 발달해 있다. 능
선을 따라 전체적으로 크고 작은 돌기둥들이 솟아 있다. 이들은 주상절리의 특징을 반영한 것으로 화강암
지대의 암산을 보는 듯한 착각을 하게 된다. 실제로 화강암 산지의 대표적 풍화지형인 **토르**(tor)와 유사한
형태의 미지형이 곳곳에 드러나 있다. 얼핏 보면 한라산 영실기암(병풍바위)의 '오백나한' 지형을 보는 듯
하다. 해수면 근처 해식애에서는 **타포니**(tafoni) 지형도 관찰된다.

섶섬의 북동쪽 경관

오른쪽 뒤가 보목 해안이고 그 앞쪽에 문섬과 범섬이 보인다. 섶섬은 앞쪽(북동쪽)과 뒤쪽(남서쪽)의 경관이 180도 다르다. 사진은 앞쪽 경관으로 경사가 꽤 급하지만 대부분의 사면을 식생이 덮고 있다. 섶섬이라는 명칭에 걸맞는 경관이다.

2017.1.28. 오전 8:56, 위도 33.13.52, 경도 126.36.14, 지표고도 149m

섶섬의 남서쪽 경관

섶섬의 뒤쪽은 앞쪽에 비해 식생이 거의 없고 수직에 가까운 돌기둥들로 덮여 있다. 뒤로 보이는 해안이 보목동이고 더 멀리 눈 덮인 한라산 정상이 보인다.

2017.1.28. 오전 9:48, 위도 33.13.39, 경도 126.36.13, 지표고도 140m

섶섬의 동쪽 경관

2017.1.28. 오전 8:58, 위도 33.14.42, 경도 126.36.16, 지표고도 145m

암석해안의 타포니

섶섬의 암석해안은 소규모의 파식대와 해식애로 구성되어 있다. 해식애에서는 주상절리와 타포니가 관찰된다.

2016.8.15. 오전 9:21, 위도 33.13.52, 경도 126.35.47, 지표고도 40m

2016.8.15. 오전 9:33, 위도 33.13.41, 경도 126.36.05, 지표고도 50m

2016.8.15. 오전 9:32, 위도 33.13.44, 경도 126.36.01, 지표고도 50m

섶섬의 돌기둥군

섶섬은 제주의 다른 섬 혹은 오름에 비해 상당히 '악산'의 형태를 하고 있다. 이러한 돌기둥들은 일종의 토르라고 할 수 있다.

42 소천지

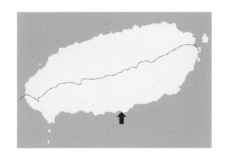

위치 서귀포시 보목동
☞ 올레길 6코스

키워드 조수웅덩이, 환상구조, 토르, 타포니

경관 해석

올레길 6코스 중 보목동 제주대학교연수원 뒤쪽 해안에 있는 자그마한 조수웅덩이이다. 이름은 백두산 '천지'를 축소해 놓은 것 같은 경관이라는 뜻이다. 물이 가득 차고, 날씨가 청명한 날이면 한라산의 위용이 수면에 비치는 멋진 모습을 볼 수 있다고 해서 사진작가들 사이에 입소문이 난 곳이다. 이름만 놓고 보면 좀 과장되긴 했지만, 제주의 숨은 비경 중 으뜸인 것만은 사실이다. 인근 황우지해안의 '자연풀장'과 비슷한 경관이지만 황우지해안과는 달리 물이 잘 순환되지도 않고 수량도 적어 물놀이하기에는 적절하지 않다.

소천지는 환상구조의 암릉과 직선상의 화산암맥으로 둘러싸인 부분에 발달한 웅덩이이다. 암릉과 암맥은 북서–남동 방향의 주향을 갖는데 특히 환상의 암릉 구조는 마치 양파껍질이 벗겨지는 형태로서 해저에서도 그 흔적들이 발견된다. 암릉 및 암맥은 해안과 평행하게 암벽을 만들고 있고, 만조 때도 잠기지 않는 부분에는 토르, 타포니 등의 풍화미지형이 발달해 있다.

소천지 경관 1
2016.7.30. 오전 9:42, 위도 33.14.19,
경도 126.35.27, 지표고도 15m

소천지 경관 2

소천지 주위를 환상의 암릉들이 둘러싸고 있고 이는 바닷속까지 연장된다. 그리고 그 가운데로 직선상으로 암맥이 발달해 있다. 구조적으로 소천지 같은 웅덩이가 발달할 수 있는 여건을 갖추고 있는 것이다.

2016.7.30. 오전 8:35. 위도 33.14.20. 경도 126.35.28. 지표고도 149m

소천지 경관 3

2016.7.30. 오전 8:40. 위도 33.14.20.
경도 126.35.27. 지표고도 55m

소천지 경관 4

2016.7.30. 오전 9:29, 위도 33.14.20,
경도 126.35.29, 지표고도 10m

소천지 경관 5

2017.3.25. 오후 2:49, 위도 33.14.22,
경도 126.35.29, 지표고도 50m

암맥과 암릉

2017.3.25. 오후 2:55, 위도 33.14.21,
경도 126.35.29, 지표고도 20m

암맥과 판상 토르

해안에서 바다 쪽으로 직선상의 암맥이 발달해 있고 이 부분은 차별침식을 받아 토르와 타포니가 발달해 있다.

2017.3.25. 오후 2:51, 위도 33.14.22, 경도 126.35.29, 지표고도 30m

판상 토르와 타포니

암맥의 구조적 특징을 반영한 판상의 토르에 타포니가 발달해 있다. 타포니는 토르를 관통하여 소규모의 자연교를 만들어 놓았다.

아이패드 사진, 2016.7.30. 오전 9:53, 위도 33.14.21, 경도 126.35.29

소천지 주변 풍경

소천지 앞쪽 해저에는 크고 작은 해수웅덩이들이 널려 있다. 환상의 암릉이 해저까지 이어져 있기 때문에 만들어진 것들이다. 이들 해저 웅덩이는 해녀들의 훌륭한 작업장이다.

2016.7.30. 오전 9:37, 위도 33.14.21, 경도 126.35.27, 지표고도 10m

43 소정방폭포

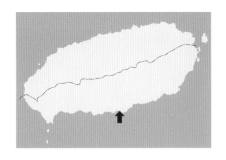

위치 서귀포시 토평동
☞ 올레길 6코스

키워드 폭포, 주상절리, 해식애, 해식동

경관 해석

올레길 6코스 구간 중에 있는 폭포다. 서쪽으로 약 500m 지점에 있는 정방폭포와 닮은 꼴이지만 크기가 작다고 해서 소정방폭포로 불린다. 물론 두 폭포는 규모면에서는 견줄 바가 못 되지만 소정방폭포는 규모 자체보다 주변 절벽해안에 발달한 **주상절리, 해식애**와 **해식동굴**이 더 볼만하다. 높이 5m 정도의 폭포에서 365일 거의 물이 떨어지는데 이는 제주도에서는 아주 드문 현상이다. 폭포 위쪽 작은 계곡에서 솟아나는 용천으로부터 물을 계속 공급받기 때문에 가능한 일이다. 제주도에서 용천이라는 말은 아주 특별한 의미를 갖는다.

제주의 폭포

제주도 하천의 기반암은 현무암류와 조면암류의 용암이 층을 이루고 있는 지질적 특성이 있다. 이를 반영하여 경사가 계단 모양으로 급변하는 하천이 많고 그 결과 급류와 폭포가 빈번히 발달한다.

① 하천폭포

하천수가 흐르면서 만든 폭포로 대부분의 폭포는 이러한 유형에 속한다. 이 경우 비가 적게 오면 폭포수가 줄거나 폭포가 말랐다가 비가 오면 다시 폭포수가 떨어지는 형태를 보인다.

② 지하수폭포

하천의 유수와 직접적인 관계없이 지하수가 솟아올라 폭포에 물을 공급해 주는 특수한 경우를 일컫는다. 제주도 천제연폭포는 상, 중, 하 3단의 폭포로 구성되어 있는데 이 중 중단 및 하단 폭포가 여기에 해당된다. 상단 폭포는 비가 올 때만 흐르지만 중단 및 하단의 폭포는 늘 폭포수가 떨어진다. 상단 폭포 폭호 부근에서 솟아오르는 용천수가 아래쪽으로 물을 공급하기 때문이다.

소정방폭포해안 경관

사진 중앙에 소정방폭포가 있고 왼쪽 끝자락에 살짝 정방폭포가 보인다. 이곳 절벽해안은 제주도 남쪽 서귀포 해안의 지형경관을 대표하는 풍경이다.

2017.2.27. 오후 12:40, 위도 33.14.32, 경도 126.34.44, 지표고도 120m

소정방폭포 주변의 해안절벽 경관 1

소정방폭포는 사진 우측 안쪽에 있다. 해안절벽을 따라 전형적인 해식동, 해식와지, 주상절리 등이 발달해 있다.

2017.2.27. 오후 12:30, 위도 33.14.37, 경도 126.34.36, 지표고도 50m

소정방폭포 주변의 해안절벽 경관 2

2017.2.27. 오후 12:32, 위도 33.14.38, 경도 126.34.36, 지표고도 −10m

소정방폭포 주변의 해안절벽 경관 3

해안절벽지대는 주상절리층과 용암층 두 부분으로 나뉘는데, 서쪽 정방폭포 쪽으로 갈수록 용암층은 얇아지고 주상절리층은 두꺼워지면서 더욱 멋진 수직절벽이 이어진다. 정방폭포가 소정방폭포보다 더 장엄한 데는 이러한 조건도 한몫을 하고 있다.

2017.2.27. 오후 12:31, 위도 33.14.40, 경도 126.34.38, 지표고도 20m

소정방폭포 1

소정방폭포에 물을 공급하는 것은 하천이라기보다는 작은 계곡에 지나지 않는다. 폭포 위쪽으로 약 300m 지점에 무료 주차장이 있어 접근성이 매우 좋다.

2017.2.27. 오후 12:33. 위도 33.14.40. 경도 126.34.39. 지표고도 50m

소정방폭포 2

낙석의 위험이 있어 지금은 폭포 아래 해안으로의 접근이 통제되고 있어 아쉽다. 이 폭포는 주민들의 '물맞이' 장소로도 애용되는 곳이다.

2017.2.27. 오후 12:36. 위도 33.14.41. 경도 126.34.39. 지표고도 5m

44 정방폭포

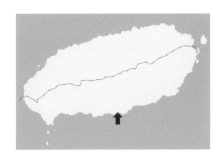

위치 서귀포시 동홍동
☞ 올레길 6코스

키워드 폭포, 해식애, 주상절리, 서귀포층, 엔태블러처

경관 해석

정방폭포는 천제연폭포, 천지연폭포와 함께 제주를 대표하는 3대 폭포로 꼽힌다. 특히 정방폭포는 한국은 물론 동양에서 유일하게 해안절벽으로 직접 떨어져 내리는 폭포로 알려져 있다. 드론의 눈으로 바라보면, 폭포 자체를 새로운 관점에서 관찰할 수 있는 것은 물론, 폭포 주변에 숨겨져 있던 해안절벽의 비경들이 고스란히 드러난다. 폭포 주변으로 이어지는 **해식애**와 수직의 **주상절리**는 익히 잘 알려져 있지만 그 사이사이에 숨어 있는 **서귀포층, 엔태블러처**(entablature) 등은 참으로 생경한 풍경들이다.

폭포 서쪽 절벽 위에는 서귀포 지명의 기원 전설을 안고 있는 서복전시관이 세워져 있다. 기원전 중국 진시황의 명을 받고 한라산에 산다는 신선을 찾아왔던 서불(서복)이라는 사람이 정방폭포의 경치에 반하여 폭포 절벽에 '서불(서복)이 이곳을 지나가다'라는 글자를 새기고 돌아갔다는 데서 서귀포라는 지명이 탄생되었다고 한다.

동홍천과 정방폭포
정방폭포는 한라산 남쪽 기슭에서 발원해서 서귀포 시가지를 관통하는 동홍천 하구에 형성된 폭포다. 동홍천은 정방폭포로 이어진다고 해서 정방천이라고도 부른다 (한국학중앙연구원, 2017).
2016.8.6. 오전 9:22, 위도 33.14.41, 경도 126.34.18, 지표고도 20m

하늘에서 본 정방폭포

왼쪽 절벽 위에 지붕이 보이는 건물이 서복전시관이다.

2016.8.6. 오전 9:19, 위도 33.14.36, 경도 126.34.18, 지표고도 140m

정방폭포 및 주변 풍경

서귀포시 동홍동 해안의 정방폭포 및 인접한 주변 지형경관이다. 사진의 오른쪽 끝을 지나면 소정방폭포가 있다. 규모는 작지만 정방폭포에 갔다면 잠깐 시간을 내어 들러 보는 것도 괜찮다.

2016.8.6. 오전 9:27, 위도 33.14.36, 경도 126.34.30, 지표고도 18m

정방폭포와 서귀포층

드론사진의 매력 중 하나는 촬영 당시 염두에 둔 주제는 물론이고 인접한 곳곳에서 생각지도 않은 흥미로운 요소를 발견하게 된다는 점이다. 사진에서 폭포 왼쪽 해식애 아래 존재하는 '서귀포층'이 바로 좋은 예이다. 이 사진을 통해 정방폭포와 서귀포층과의 지사학적 관계를 유추해 볼 수 있다. 서귀포층은 180만 년 전~55만 년 전의 긴 시간 동안 수성화산의 폭발로 쌓인 미고결 퇴적층이다(제주특별자치도, 2016b).

2016.8.6. 오전 9:29, 위도 33.14.38, 경도 126.34.19, 지표고도 −6m

서쪽 서귀포항 해안에서 바라본 정방폭포 해안 풍경

정방폭포는 오른쪽 뒤에 숨어 있다.

2016.8.6. 오전 9:55, 위도 33.14.32, 경도 126.34.12, 지표고도 110m

주상절리 경관

정방폭포에서 서쪽 해안으로 갈수록 주상절리는 가늘어지면서 절리 밀도가 높아진다. 이러한 상황에서는 풍화와 침식이 더 빨리 진행되어 주상절리 절벽경관이 오랫동안 유지될 수 없다.

2016.8.6. 오전 9:57. 위도 33.14.33. 경도 126.34.11. 지표고도 25m

엔태블러처 경관

드론으로 근접해서 관찰하고 사진을 촬영해 보면 의외의 미지형 경관을 발견해 낼 수 있다. 사진의 절벽지대 중간쯤을 보면 주상절리 기둥이 살짝 휘어져 있는 것을 발견할 수 있다. 이는 엔태블러처라고 하는 것으로 용암이 완전히 식기 전에 압력을 받아 구부러진 현상이다.

2016.8.6. 오전 9:53. 위도 33.14.37. 경도 126.34.13. 지표고도 2m

주상절리 자갈 형성 메커니즘

정방폭포 절벽이 무너져내리면서 암괴가 만들어지고 이들 암괴는 파도에 의해 점차 다듬어지면서 둥근자갈로 바뀌어 가고 있다. 해안은 가장 역동적인 지형발달 메커니즘을 관찰할 수 있는 장소이다.

2016.8.6. 오전 9:53. 위도 33.14.37. 경도 126.34.13. 지표고도 2m

45 천지연폭포

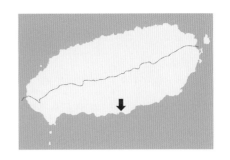

위치 서귀포시 천지동

☞ 올레길 7코스

키워드 폭포, 두부침식, 협곡, 폭호, 하식동, 모래톱, 하중도

경관 해석

서귀포시 천지동 서홍천 하류, 서귀교 아래쪽에 위치한 **폭포**다. 서홍천은 서홍동 일대에서 발원하여 연외천 본류와 합류한 뒤 서귀포항으로 흘러든다. 그러나 다른 하천과 마찬가지로 서홍천도 큰 비가 오지 않으면 물이 마르는 건천으로, 천지연폭포에 연중 물을 공급해 주는 것은 폭포 상류 쪽 선반내(솜반천)라고 하는 작은 용천수 개천이다.

서귀포항 근처 주차장에서 비교적 넓고 평탄한 계곡 산책로를 따라 약 10여 분 걸으면 폭포가 나온다. 제주의 3대 폭포(정방폭포, 천제연폭포, 천지연폭포) 중 가장 가볍게 다녀올 수 있는 폭포다. 제주도세계지질공원을 구성하는 지질명소 중 하나다.

천지연폭포가 발달한 것은 폭포 일대의 서귀포층과 관련이 깊다. 보통 제주도의 기반층인 서귀포층 위쪽에는 조면암질 안산암이 덮고 있으면서 서귀포층을 보호하고 있는데 이들 암석의 층서관계에서 오는 차별침식 결과 폭포 경관이 발달한 것이다. 이웃한 정방폭포도 같은 개념이다.

천지연폭포는 초기에는 해안폭포로 발달했지만 이어지는 **두부침식**에 의해 현재의 위치까지 이동되어 왔고, 그 아래쪽으로는 좁고 깊은 **협곡**을 만들어 놓았다. 폭포 아래 **폭호** 주변에는 **하식동**, **모래톱** 형태의 **하중도** 등 작은 하천지형들이 발달해 있다.

천지연폭포의 발달

① 서귀포층 위에 조면안산암질 용암 피복

② 서귀포층과 조면안산암질 용암층 사이를 흐르는 지하수 용출로 하천 형성→해안폭포 발달

③ 파도의 침식과 하천침식이 결합되어 폭포 붕괴 시작

④ 하천의 확대 및 폭포 붕괴 가속화로 두부침식 진행→현재 위치로 폭포 이동

천지연폭포 전경

한라산 산록에서 발원한 서홍천은 해안에 다다라 천지연폭포를 만들었다. 해안폭포는 그 뒤 두부침식에 의해 현재의 지점까지 이동되었고 그 아래쪽으로는 깊은 천지연협곡을 남겨 놓았다. 협곡은 폭포가 이동한 통로인 셈이다.

2016.5.1. 오후 1:41, 위도 33.14.42, 경도 126.33.19, 지표고도 90m

천지연폭포와 서홍천 1

2016.5.1. 오후 1:11, 위도 33.14.48, 경도 126.33.17, 지표고도 140m

천지연폭포와 서홍천 2

2016.5.1. 오후 1:11, 위도 33.14.48, 경도 126.33.17, 지표고도 140m

천지연폭포와 아열대림

폭포 주변으로는 아열대림들이 무성하게 우거져 있어 한여름철 피서지로 이보다 더 좋은 곳이 없다.

2016.5.1. 오후 1:21, 위도 33.14.47, 경도 126.33.15, 지표고도 7m

천지연폭포의 부속 지형들

폭포 아래에는 하식동굴이 깊게 파여 있고 폭호 앞쪽으로는 모래와 자갈이 섞인 일종의 모래톱이 형성되어 있다. 하천지형 면에서 보면 전형적인 퇴적기원의 하중도라고 할 수 있다.

2017.2.26. 오후 1:51, 위도 33.14.45, 경도 126.33.17, 지표고도 15m

46 서귀포층

위치 서귀포시 천지동

☞ 올레길 7코스

키워드 천해성퇴적층, 엽리구조, 서귀포조면암

경관 해석

약 180~55만 년 전 제주도 얕은 바닷속에서 만들어진 **천해성퇴적층**이다. 퇴적물은 대부분 육성 및 수성화산활동으로 만들어진 화산성 쇄설물과 응회암류가 침식, 풍화에 의해 다시 이동되어 쌓인 것으로(한국지질자원연구원, 2016; 윤석훈 외, 2006a) 일반적으로 역질사암, 사암, 이암으로 구성된 준고결 내지 고결 퇴적층이다(김인수 외, 2000).

서귀포층과 서귀포조면암층 내에는 **엽리**구조(load foliation)가 나타나는데 지층면과 평행하게 발달한 것이 특징이다. 이는 비교적 안정된 환경에서 지층 자체의 하중으로 형성된 것으로, 서귀포층이 조용한 퇴적이 이루어지던 화산활동 정체기의 산물임을 보여 주는 것으로 해석하고 있다(김인수 외, 2000).

서귀포층은 지금의 제주도를 받치고 있는 튼튼한 기초가 되었고 불투수층 역할을 함으로써 제주의 지하수를 저장하는 기능을 하고 있다. 지역에 따라 지하 100m~해발 100m에 걸쳐 다양한 수직적 분포를 보인다.

현재 서귀포층이 주로 분포하는 곳은 서귀포시 천지연폭포 밑에서부터 남쪽 해안을 따라 약 50m 높이의 절벽지대에서 시작하여 서쪽 외돌개 해안 동쪽 삼매봉 기슭 일대까지다(윤성효 외, 2010). 그러나 실제 현장에서 노출된 퇴적층을 전형적으로 관찰할 수 있는 대표적인 곳은 서귀포시 서귀포항 서측 해안절벽 일대다. 이곳에는 30여 m 두께(높이)로 약 1km에 걸쳐 노두가 분포한다(한국지질자원연구원, 2016).

서귀포층 위쪽에는 **서귀포조면암**(김인수 외, 2000)이 부정합으로 덮고 있어 서귀포층을 보호하고 있다. 이러한 경관은 이 일대 해안 곳곳에서 관찰되는데 정방폭포, 천지연폭포 등은 이러한 기반암적 특징과 차별침식 결과로 만들어진 경관들이다. 서귀포층은 그 학술적 가치를 인정받아 천연기념물(195호)이면서 제주도세계지질공원 사이트 중 하나로 지정되어 있다.

제주의 퇴적층

① 서귀포층

제주에서 가장 오래된 퇴적층이다. 대륙붕 상에서의 수성화산활동에 의해 분출한 쇄설물들이 쌓인 것으로 제주도 화산지형의 기반을 이룬다. 서귀포 해변, 정방폭포 해안 등지에서 국지적으로 관찰된다.

② 하모리층

신양리층과 함께 제주도에서는 가장 젊은 퇴적층에 속한다. 후화산활동기에 송악산 수성화산이 폭발하면서 분출된 화산쇄설물이 쌓인 지층으로 하모리해변, 사계리해변 등지에서 관찰된다. 사계리해변의 하모리층에 서는 사람 발자국 화석이 발견되어 화제가 되었다.

③ 신양리층

수성화산인 성산일출봉 분화와 관련해서 형성된 퇴적층으로 광치기해변, 섭지코지해변 등지에서 관찰된다.

서귀포층이 나타나는 해안 경관

바로 앞에 서귀포층이 있고 이어 서쪽 방향(사진 좌측)으로 황우지해안, 외돌개, 대포주상절리대, 갯깍주상절리대 등 유명 관광지가 분포한다. 가까이 동쪽 해안(사진 우측)으로는 정방폭포가 있다.

2016.8.13. 오전 7:54, 위도 33.14.20, 경도 126.33.29, 지표고도 148m

서귀포층(하부)과 서귀포조면암 (상부)의 관계 1

2016.8.13. 오전 7:48. 위도 33.14.20. 경도 126.33.26. 지표고도 60m

서귀포층(하부)과 서귀포조면암(상부)의 관계 2

이러한 지층구조 덕분에 서귀포 해안 일대는 멋진 해안절벽지대와 폭포가 만들어졌다. 차별풍화로 인해 조면암(위) 부분은 수직에 가까운 절벽을, 서귀포층(아래)은 완경사의 사면을 만들었다.

2016.8.13. 오전 7:45. 위도 33.14.16. 경도 126.33.22. 지표고도 148m

서귀포층 조개화석지

이곳에는 다양한 조개류 화석이 포함되어 있어 서귀포패류화석층으로 불린다. 침식작용에 의해 계속 붕괴되고 있어 보호대책이 아쉽다.

2016.8.13. 오전 7:47, 위도 33.14.18, 경도 126.33.20, 지표고도 50m

서귀포패류화석층의 조개화석

니콘D3 사진, 2010.10.7, 오후 4:22

47 문섬

위치 서귀포시 서귀동
　☞ 올레길 7코스

키워드 무인도, 용암돔, 방사상주상절리, 시스택

경관 해석

　서귀포항 남쪽 약 1.2km 해상에 있는 **무인도**다. 지금은 숲이 무성하지만 조선시대만 해도 민둥섬이었다. 이로 인해 당시는 '믠섬'으로 불리다가 이것이 점차 변해 문섬이 되었다(한국학중앙연구원, 2017). 모기가 많아 문섬이 되었다는 이야기도 있다.

　기반암은 담홍색의 조면암질 안산암이다. 섬 자체가 하나의 거대한 **용암돔** 형태를 하고 있는 독립된 기생화산이다(해양수산부, 2017). 윤곽이 뚜렷하지는 않지만 섬 남동쪽을 중심으로 미세한 주상절리도 관찰된다. 섬에는 용암돔의 지질학적 특징을 반영하여 **방사상주상절리**가 나타난다.

　섬의 북동쪽에 작은 부속섬인 의탈섬(엄지섬, 제2문도)이 있는데 이는 풍화와 침식작용에 의해 문섬에서 떨어져나간 것으로 **시스택**(sea stack)에 해당된다.

　이웃한 범섬과 함께 '문섬 및 범섬 천연보호구역'으로 묶여 있고 천연기념물(421호)로 지정되어 있다. 서귀포항에서 유람선을 타면 약 1시간에 걸쳐 섶섬–문섬–범섬을 돌아볼 수 있다.

서귀포항 새섬에서 바라본 문섬
2016.8.13. 오전 8:15, 위도 33.14.07, 경도 126.33.46, 지표고도 30m

문섬과 서귀포항

문섬은 제주관광의 1번지라고 할 수 있는 서귀포항에서 약 1.2km 해상에 위치한다. 서귀포항 뒤쪽으로는 제주의 상징인 한라산이 병풍처럼 둘러서 있다. 서귀포항 바로 앞쪽으로 방파제처럼 놓인 작은 섬이 새섬인데 문섬으로부터 가장 가까운 해안이 바로 새섬 남쪽 해안이다.

2016.8.13. 오전 8:47, 위도 33.13.23, 경도 126.34.01, 지표고도 150m

문섬과 의탈도

의탈도는 문섬 북동쪽 해안에 있는 작은 새끼섬이다.

2016.8.13. 오전 8:43, 위도 33.13.41, 경도 126.34.08, 지표고도 100m

의탈도

파랑의 침식에 의해 문섬에서 떨어져 나온 시스택으로 제2문섬, 엄지섬, 새끼섬 등으로도 불린다. 또한 문섬 주변에는 산호류가 서식하고 있어 잠수함을 이용한 해저투어 명소가 되었다. 잠수함 투어는 주로 문섬 본섬과 의탈도 사이 수심 40m 정도의 해역에서 이루어진다.

2016.8.13. 오전 8:40, 위도 33.14.41, 경도 126.34.01, 지표고도 55m

서귀포항쪽에서 바라본 문섬

왼쪽에 작은 시스택 형태의 섬이 부속섬인 의탈도이다.

2016.8.13. 오전 8:18, 위도 33.13.49, 경도 126.33.52, 지표고도 145m

문섬 남쪽 해안의 해식애와 주상절리

용암돔의 구조를 반영하여 방사상주상절리가 발달해 있다.

2016.8.13. 오전 8:48, 위도 33.13.27, 경도 126.34.03, 지표고도 125m

48 하논분화구

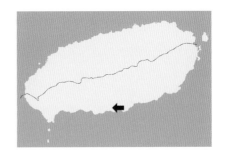

위치 서귀포시 호근동
☞ 올레길 7코스

키워드 마르, 이중화산체, 응회환, 용암연

경관 해석

서귀포시 호근동과 서호동에 걸쳐 있는 한반도 유일의 **마르(marr)**형 분화구이다. 분화구 중심에는 큰 보름, 눈보름으로 불리는 분석구가 있어 **이중화산체**로 분류된다. 마르는 수성화산의 한 유형으로 **응회환**과 같은 개념으로 쓰기도 하지만 깊은 분화구에 커다란 화구호가 형성되어 있다는 점에서 차별화하기도 한다. 물론 지금의 하논 분화구에는 호수가 존재하지 않으므로 이것을 마르로 볼 수 있는가에 대해서는 이견이 있을 수 있다.

하논분화구는 약 34,000년 전 수중에서 화산폭발이 일어나 형성된 것이다. 당시 분화구 바닥은 수면보다 낮았기 때문에 화구는 물로 채워졌고 전형적인 마르형 응회환 형태를 갖췄다. 그러다 시간이 지나 호수가 소멸되고 분화구 안에서 2차 화산이 폭발하면서 분석구가 만들어졌고, 이 분석구와 응회환 사이에는 환상의 해자 속에 용암이 채워져 **용암연**이 형성되었다. 현재 분화구는 직경 약 1~1.2km, 둘레 3.8km이고 화구륜(143m)과 화구바닥(53m)의 고도차는 90m로 제주도 분화구 중 최대 규모다. 화구호 퇴적층의 두께는 약 15m에 이르는 것으로 조사되었다(윤석훈 외, 2006).

하논분화구가 과거 호수였을 당시의 수심은 약 5m로 500여 년 전까지만 해도 호수가 존재했던 것으로 기록되어 있다(하논분화구 안내판, 2017). 물론 지금은 중간중간에 못이 있기는 하지만 전체적으로는 경작지로 이용되고 있다. 하논이란 '큰 논'이라는 뜻의 제주어이다.

하논은 1900년대 초까지만 해도 16여 가구에 100여 명의 주민이 살던 곳이었는데 1948년 4.3사건 이후 마을 주민들이 모두 주변 마을로 흩어져 결국 마을이 송두리째 사라졌던 슬픈 역사를 간직한 곳이기도 하다(하논분화구 안내판, 2017).

하논분화구 1

하논분화구는 거의 완벽한 형태의 원형경기장 같은 모양이다. 왼쪽 둥근 지붕의 건물은 서귀포예술의전당이다. 둘을 비교해 보면 원근을 감안해도 하논의 크기를 미루어 짐작할 수 있다.

2017.2.26. 오후 1:36, 위도 33.14.48, 경도 126.33.14, 지표고도 110m

하논분화구 2

2017.2.26. 오후 1:44, 위도 33.14.49, 경도 126.33.00, 지표고도 110m

하논분화구 3

2017.4.26. 오후 12:47, 위도 33.15.22, 경도 126. 32.29, 지표고도 145m

하논분화구와 분석구

하논은 마르형 분화구 안에 2개의 분석구가 들어 있는 전형적인 이중화산체이다. 사진의 중앙 왼쪽에 눈보름, 오른쪽에 큰보름이 각각 자리하고 있다.

2017.2.27. 오전 9:45, 위도 33.14.47, 경도 126.32.42, 지표고도 80m

하논분화구 4

보는 각도에 따라 분화구 모양은 다양한 형태를 띤다. 북쪽 상공에서 바라본 경관이다. 멀리 해안에 보이는 작은 섬이 범섬이다. 현재 분화구 안에는 두세 군데에서 용출수가 솟고 있고 이를 이용해 농사를 짓고 있다.

2017.2.26, 오전 10:34, 위도 33.15.19, 경도 126.32.34, 지표고도 110m

하논분화구 경작지

2017.2.26, 오후 12:12, 위도 33.15.09, 경도 126.32.42, 지표고도 100m

49 황우지해안

위치 서귀포시 서홍동

☞ 올레길 7코스

키워드 해식동굴, 조수웅덩이, 해식와지

경관 해석

황우지해안은 서귀포 절벽해안 중 아주 독특한 경관을 지닌 곳이다. 일반적으로 다른 절벽해안들은 거의 수직의 화산암 절벽으로만 이루어져 있는데 이곳은 수직에 가까운 절벽 아래로 내려가면 의외로 넓고 평탄한 해변이 나타나고 그곳에 여러 개의 천연풀장이 형성되어 있다.

이곳 물웅덩이들은 밀물과 썰물이 교차하면서 계속 순환되어 늘 맑고 깨끗한 수질을 유지하고 있다. 제주도 해안에서 여름철 물놀이 장소로 이만한 곳을 찾기도 힘들다.

황우지해안의 천연풀장은 현무암 **해식동굴**이 무너져 내리면서 웅덩이 형태의 골격이 남아 형성된 것이다. 일종의 **조수웅덩이**에 해당된다. 어떤 것은 두 개 이상의 동굴이 연합되어 규모가 상당히 큰 것도 관찰된다.

조수웅덩이 주변 해안으로는 이제 막 해식이 진행되는 **해식와지**도 여럿 있어, 오랜시간 뒤에는 또 다른 형태의 천연풀장들이 들어설 것으로 보인다. 이와 유사한 형태의 웅덩이와 지형경관들이 서쪽의 외돌개 해안으로 이어지고 있다.

황우지해안

마치 남해안의 다도해를 축소해 놓은 듯한 모양이다. 암석해안이 파도의 침식을 받아 해식와지, 해식동굴이 발달하면서 이런 독특한 해안경관을 만들어 놓았다. 사진 뒤쪽으로는 외돌개 해안이 이어진다.

2016.7.29. 오전 8:28, 위도 33.14.19, 경도 126.33.02, 지표고도 70m

황우지해안의 자연풀장

황우지해안을 대표하는 조수웅덩이다. 한쪽으로는 열려 있고 다른 삼면은 바위로 둘러싸여 있어 물놀이를 즐기기에 안
성맞춤이다. 이런 지형은 해식동굴의 천장이 무너져 내리고 그 골격만 남게 됨으로써 보게 되는 아주 독특한 경관이다.

2016.7.29. 오전 8:38, 위도 33.14.22, 경도 126.32.58, 지표고도 20m

해식와지

드론사진을 통해 이 와지는 두 개의
커다란 해식와지가 결합된 형태인
것을 알 수 있다. 바닷물 속에 두 개
의 와지 경계부가 길게 남아 있다.
황우지해안 인근의 남원 큰엉해안
경승지, 외돌개 등도 비슷한 형성과
정을 거친 것으로 보인다.

2016.7.29. 오전 8:39, 위도 33.14.20,
경도 126.32.54, 지표고도 25m

50 외돌개

위치 서귀포시 서홍동
☞ 올레길 7코스

키워드 시스택, 해식와지, 해안단구

경관 해석

　제주도 중에서도 서귀포해안은 파도의 침식과 지반의 융기로 인해 다양한 해안침식지형이 발달해 있는데 외돌개가 그중 대표적인 곳이다. 지형학적으로는 **시스택**에 해당되며, 이만큼 일반인들에게 잘 알려진 지형경관도 없을 것 같다. 제주도의 대표 설화인 '설문대할망과 오백장군'에서는 대할망의 막내아들이 이 외돌개가 되었다고 한다. 제주의 설화들은 한라산, 오름, 동굴, 바다 등이 하나의 스토리텔링으로 연결되어 있는 것이 특징이다.

　외돌개의 발달 메커니즘은 이웃한 황우지해안의 천연풀장 형성 메커니즘과 유사하다. 단 황우지해안의 경우 물웅덩이 형태로 남아 있지만 외돌개는 시스택의 돌기둥으로 남아 있다는 점에서 차이가 있다. 외돌개 주변의 절벽 일대를 돌아보면 황우지해안의 물웅덩이와 유사한 형태의 **해식와지**를 발견할 수 있다.

　외돌개 해안 배후지는 전형적인 **해안단구** 경관을 보이고 있다. 이와 유사한 지형들이 제주도 남해안 일대에 이어져 있는데 이는 제주도 남북 간의 차별융기에 의해 발달한 것으로 추정된다.

외돌개와 주변 지형

외돌개는 제주도뿐만 아니라 우리나라에서 시스택의 대표적인 사례로 소개되는 곳이다. 이 사진에서와 같은 시점에서 보면 시스택이 배후 절벽해안과 어떤 관계에 있는지 명확하게 그 의미를 파악할 수 있다.

2016.7.29. 오전 8:44. 위도 33.14.16, 경도 126.32.40, 지표고도 70m

외돌개

2016.7.29. 오전 8:45. 위도 33.14.18,
경도 126.32.41, 지표고도 10m

외돌개와 또 다른 흔적

바로 앞쪽의 암초는 과거 또 다른 외돌개의 흔적이 아닐까 하는 생각이 든다. 결국 이러한 과정이 반복되면서 해안지형은 점차 침식되고 해안선은 육지 쪽으로 후퇴하게 되는 것이다.

2016.3.17. 오전 11:30, 위도 33.14.18, 경도 126.32.43, 지표고도 5m

외돌개와 해식와지

이 사진은 외돌개가 어떻게 만들어졌지를 보여 준다. 사진에서 외돌개 우측 뒤쪽으로 두 개의 거대한 U자 모양의 해식와지가 관찰되는데 이는 해식동의 천장이 붕괴되고 남은 흔적인 것으로 추정된다. 결국 교과서에서 일반적으로 다루어지는 해식동→시아치→시스택의 발달 시스템을 이 사진을 통해 어느 정도 설명할 수 있으리라 본다.

2016.7.29. 오전 8:46, 위도 33.14.22, 경도 126.32.42, 지표고도 50m

외돌개와 방사상주상절리

동쪽 상공에서 내려다본 외돌개 경관이다. 자세히 보면 왼쪽에서 오른쪽으로 방사상의 주상절리가 발달해 있음을 관찰할 수 있다. 이러한 구조적 특징은 배후의 둥글고 거대한 해식와지를 발달시키는 데 근본적으로 영향을 준 것으로 생각된다.

2016.7.29. 오전 8:47, 위도 33.14.22, 경도 126.32.42, 지표고도 30m

51 범섬

위치 서귀포시 법환동
☞ 올레길 7코스

키워드 무인도, 주상절리, 해식동굴

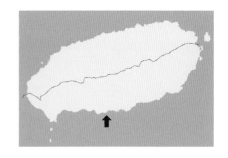

경관 해석

제주도 서귀포시 법환동 연안에 있는 해발 87m의 작은 **무인도**다. 보통 관광객들은 서귀포항에서 출발하는 유람선을 타고 이 일대를 돌아보게 된다. 섬 이름은 그 생긴 모양이 범과 같다고 해서 붙여졌다. 섬 자체는 **주상절리** 덩어리이며 제주도에서도 대표적인 **해식동굴**로 꼽히고 있는 쌍굴 등이 있다. 섬 자체가 천연기념물(421호)로 지정되어 있다.

범섬의 경관은 제주의 대표적 설화인 '설문대할망과 오백나한' 설화 속 대할망과 직접적인 관련이 있다. 설화 속 대할망이 얼마나 거대했던지 백록담을 베개로 하여 누우면 허리는 고근산에 닿고 다리는 범섬에 닿았다고 한다. 이때 대할망의 발가락이 닿았던 곳에 구멍이 뚫려 범섬의 쌍굴이 되었다고 한다. 고근산은 범섬과 한라산 사이, 월드컵경기장 북쪽에 우뚝솟은 오름이다. 제주의 설화들에서는 대부분 한라산, 오름, 바다, 동굴 등이 스토리텔링의 주요한 구성 요소가 되어 있다.

본섬에서 범섬까지 직선거리로 가장 가까운 곳은 강정동과 법환동 경계지대 해안인데 이곳에서 범섬까지는 약 1.7km 정도가 된다.

법환동 해안과 범섬

법환동은 범섬까지 직선거리로 가장 가까운 곳이다. 행정구역상으로는 왼쪽이 강정동, 오른쪽이 법환동이다. 두 지역의 경계지대 해안은 '두머니물'로 불리고 있다. 사진 멀리 한라산이 있고 그 중간에 고근산이 우뚝 서 있다.

2016.8.14. 오전 10:11, 위도 33.12.48, 경도 126.30.59, 지표고도 145m

범섬과 새끼섬

범섬은 본섬과 하나의 작은 새끼섬 등 2개의 섬으로 구성되어 있다.

2016.7.9. 오후 1:12, 위도 33.13.16, 경도 126.30.51, 지표고도 145m

범섬의 남서쪽 경관

범섬과 새끼섬 전체가 주상절리로 이루어졌고 곳곳에 거대한 해식동이 발달해 있다.

2016.7.9. 오후 5:36, 위도 33.13.02, 경도 126.30.40, 지표고도 130m

범섬 쌍굴

두 개의 동굴이 한쌍을 이루는 전형적인 해식동굴이다. 범섬의 콧구멍을 닮았다고 해서 콧구멍굴이라고도 부른다. '설문 대할망과 오백나한' 설화 속 대할망의 발가락이 닿았던 부분이 구멍이 뚫려 이 쌍굴이 되었다고 전해진다.

2016.8.14. 오전 8:36, 위도 33.13.16, 경도 126.31.04, 지표고도 100m

범섬 남쪽 해안의 해식동

범섬의 해식동은 특히 전형적인 터널 형태로서 동굴벽은 거의 수직에 가깝고, 천정은 아치 형태로 되어 있다. 이는 사진에서 보는 바와 같이 수직에 가까운 주상절리를 반영한 결과로 해석할 수 있다. 범섬에는 여러 개의 해식동굴이 있는데이 해식동이 그중 가장 크고 대표적인 곳이다. 동굴 안으로 들어가면 주상절리가 천정에 거꾸로 매달려 있는 것을 볼 수 있다. 파도가 잔잔할 때는 유람선이 동굴 안으로 살짝 뱃머리를 들이밀었다가 나오는데 동굴 내부 장관을 감상하기 위해서는 미리 뱃머리에 자리를 잡는 것도 요령이다.

2016.8.14. 오전 10:13. 위도 33.12.49. 경도 126.31.00. 지표고도 140m

범섬 동굴 천장의 주상절리 단면

니콘D3 사진, 2013.4.3 오후 2:38. 위도 33.12.58.
경도 126.31.02

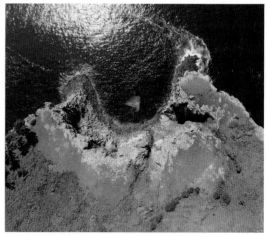

범섬 해식동의 직부감 경관

평면상으로는 해식동의 입구 부분이 하나의 거대한 해식와지 형태를 띠고 있다.

2016.8.14. 오전 10:08. 위도 33.13.00. 경도 126.31.04. 지표고도 145m

213

52 서건도

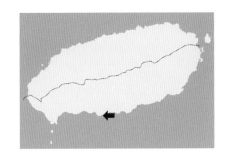

위치 서귀포시 강정동
☞ 올레길 7코스

키워드 간조육계사주, 육계도, 자갈해빈, 자갈갯벌

경관 해석

서건도는 강정동 해안에 있는 섬 아닌 섬이다. 섬은 해안에서 약 300m 떨어져 있지만 간조 때만 되면 **간조육계사주**에 의해 해안과 연결되기 때문이다.

간조육계사주는 흔히 '모세의 기적'으로 불리는 경관으로 썰물 때가 되면 살짝 물 위로 드러나는 해안 퇴적지형이다. 서건도는 제주도 내에서는 거의 유일하게 간조육계사주에 의해 본섬과 연결된 섬이다. 간조육계사주는 오랜 시간이 지나면 밀물 때에도 뭍으로 드러나는 육계사주가 되고 그때에는 항시 제주 본섬과 연결되어 있는 **육계도**가 될 것이다.

서건도는 썩은섬이라고도 부르는데 이는 이곳의 지질 및 지형과 밀접한 관련이 있는 것 같다. 서건도의 북쪽 절반은 풍화가 잘 되는 응회암, 남쪽 절반은 조면안산암질 용암지대다(한국학중앙연구원, 2017). 섬은 지금도 풍화가 빠르게 진행되고 있어 머지않아 그 흔적만 남을 것 같은 생각도 든다.

서건도 해안 일대는 폭넓은 **자갈해빈**이 형성되어 있다. 그러나 자갈해빈의 대부분은 만조 때 잠겼다 간조 때 드러나므로 엄밀히 말하자면 **자갈갯벌**[1]로 불러야 될 듯하다. 갯벌의 자갈들이 다시 이동되어 쌓이면서 서건도를 연결하는 간조육계사주가 발달한 것으로 추정된다.

---

1. 자갈갯벌 : 갯벌의 형태 중 하나다. 갯벌이란 밀물 때 잠기고 썰물 때 드러나는 조간대를 말한다. 보통 간석지라는 용어가 같이 쓰인다. 갯벌은 구성 물질에 따라 뻘갯벌, 모래갯벌, 자갈갯벌, 암석갯벌 등으로 구분된다. 우리가 일상적으로 사용하는 갯벌은 좁은 의미에서의 뻘갯벌을 의미한다.

서건도 해안경관 1

서건도는 제주도에서는 드물게 자갈갯벌 상의 간조육계사주에 의해 연결되는 섬이다. 오랜 시간이 지나면 성산일출봉이나 섭지코지처럼 서건도는 육계도가 될 것이다. 멀리 오른쪽 뒤에 보이는 것이 범섬이다.

2017.1.30. 오후 4:50. 위도 33.13.54. 경도 126.29.37. 지표고도 145m

서건도 해안경관 2

2017.1.30. 오후 4:53. 위도 33.13.41. 경도 126.29.49. 지표고도 145m

서건도와 간조육계사주

육계사주의 퇴적물질은 대부분 아각력의 자갈로 구성되어 있다. 사진 앞쪽 해안에는 기반암이 노출된 암석해안도 나타난다.

2017.1.30. 오후 4:57. 위도 33.14.00. 경도 126.29.50. 지표고도 90m

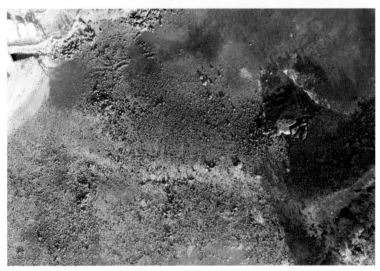

간조육계사주

물이 가장 많이 빠진 상태의 간조육계사주 모습이다. 가운데 흰색 띠 부분이 가장 퇴적층이 두껍게 쌓인 부분으로 간조 때 서건도로 들어가는 통로가 된다.

2017.1.30. 오후 5:00. 위도 33.13.53. 경도 126.29.56. 지표고도 145m

간조육계사주와 자갈해빈

간조육계사주는 강정동 해안의 자갈해빈과 자연스럽게 연결된다. 보통 자갈해빈은 해안을 따라 가늘고 긴 띠 모양으로 나타나는데 이곳 서건도 해안에서는 그 폭이 상당히 넓게 발달되어 있다. 이 자갈해빈은 간조 때 넓게 드러나므로 해빈이라기보다는 자갈갯벌로 부르는 것이 더 타당하다.

2017.1.30. 오후 5:02. 위도 33.13.54. 경도 126.29.52. 지표고도 50m

서건도

풍화와 침식작용으로 서건도는 거의 해체되어 가는 중이다.

2016.7.29. 오전 10:20. 위도 33.13.52. 경도 126.29.53. 지표고도 110m

서건도 해식와지 1

풍화, 침식의 흔적이 섬 남쪽 해안을 중심으로 몇 개의 와
지 형태로 남아 있다.

2016.7.29. 오전 10:20. 위도 33.13.48. 경도 126.29.54. 지표고도 110m

서건도 해식와지 2

2016.7.29. 오전 10:22. 위도 33.14.47. 경도 126.29.57. 지표고도 45m

53 냇길이소

위치 서귀포시 강정동
☞ 올레길 7코스

키워드 소, 두부침식, 폭포, 경사급변점, 용천, 포트홀, 나마, 하중도,
자갈톱

경관 해석

제주도에는 도민조차도 잘 모르는 비경들이 곳곳에 숨어 있다. 강정동 한가운데를 흐르는 강정천 계곡 속에 감춰져 있는 냇길이소도 그중 하나다. 이름 그대로 하상의 우묵한 와지에 물이 고여 만들어진 **소**다. 아쉽게도 얼마 전부터 상수원보호구역으로 지정되면서 지금은 출입이 통제되어 있다. 냇길이소는 폭포, 암벽, 은어, 맑은 물 등 '네 가지가 길상'이다라는 뜻에서 붙여진 지명으로 알려져 있다.

냇길이소는 **두부침식**의 전형적인 사례다. 비가 많이 오면 작은 **폭포**도 만들어지는데 이 폭포가 **경사급변점** 역할을 하고 있다. 냇길이소 상류는 건천이지만 아랫쪽으로는 냇길이소에서 나오는 용천에 의해 물이 1년 내내 바다 쪽으로 흘러간다.

냇길이소 상류부는 전형적인 암석하상이며 여기에 **포트홀**들이 다양한 형태로 발달해 있다. 그러나 이 하천은 전형적인 건천이므로 순수하게 유수에 의해 형성된 포트홀이라기보다는 물이 흐르지 않을 때는 정지된 물의 풍화도 작용하므로 **나마**(gnamma)의 성격을 함께 갖고 있다고 보면 된다. 나마는 평탄한 기반암 위에 기계적 혹은 화학적 풍화를 받아 마치 접시 모양으로 형성된 구멍을 말한다.

소 아래쪽에는 **자갈톱** 형태의 **하중도**가 발달해 있다.

강정천과 냇길이소
강정천은 여느 제주도 하천과 마찬가지로 암석하상이 뚜렷하고 건천의 특징을 보인다. 냇길이소는 지하수 용천에 의해 만들어진 것이므로 상류부의 건천과는 대조적인 모습을 보여 준다.
2016.7.8. 오후 2:37. 위도 33.14.21.
경도 126.29.13. 지표고도 60m

강정천과 강정동 일대 경관

강정천 주변은 제주의 전형적인 농촌 마을로 비닐하우스 농업이 이루어지고 있다.

2016.7.8. 오후 2:34. 위도 33.14.18. 경도 126.29.20. 지표고도 80m

냇길이소 1

강정천 상류에서 하류 쪽을 바라본 경관이다. 상류부 암석 하상에는 다양한 형태의 포트홀들이 발달해 있다.

2016.7.8. 오후 2:36. 위도 33.14.22. 경도 126.29.11. 지표고도 60m

냇길이소 2

소를 중심으로 왼쪽 상류부의 경사급변점 상에는 하식애가, 오른쪽 하류부에는 자갈로 된 하중도가 형성되어 있다. 하식애 부분은 비가 오면 폭포로 변한다.

2016.7.8. 오후 2:37. 위도 33.14.22. 경도 126.29.13. 지표고도 60m

54 엉또폭포

위치 서귀포시 강정동
☞ 올레길 7코스

키워드 폭포, 단층, 두부침식

경관 해석

악근천의 엉또폭포는 '마른 폭포'로 유명하다. 제주의 대부분 폭포들은 수량이 부족하고 일부는 우기 때가 아니고는 폭포수를 구경도 못하는 마른 폭포가 많은데 엉또폭포는 그중 대표적인 사례다. 이 폭포를 만든 악근천은 전형적인 건천으로 큰비가 한바탕 내린 뒤에야 폭포다운 모습이 드러난다. 보통 상류계곡에 70mm 정도의 비가 내려야 폭포수가 만들어진다고 한다(한국학중앙연구원, 2017).

엉또폭포에서 '엉'은 큰 웅덩이라는 뜻이고 '또'는 입구를 뜻하는 제주어다. 엉또는 결국 큰 웅덩이로 들어가는 입구라는 의미인데 드론의 눈으로 내려다보면 엉또폭포는 수직절벽과 울창한 난대림으로 둘러싸여 있어 거대한 웅덩이처럼 보인다. 엉또폭포의 매력은 사실 폭포보다도 높이 50여 m의 수직절벽을 휘감고 있는 울창한 원시 난대림 경관에 있다.

엉또폭포는 제주의 대부분 폭포와는 달리 **단층**의 영향을 강하게 받아 발달한 폭포인 것으로 보인다. 이런 가정이 맞는다면 엉또폭포는 이제 막 두부침식을 시작한 젊은 폭포라고 할 수 있다. 북아메리카의 나이아가라 폭포는 단층애에서 발달하기 시작하여 상류 쪽으로 **두부침식**이 상당히 진행된 폭포의 대표적 사례다. 나이아가라 폭포는 원래 폭포가 시작된 단층애로부터 약 12km 후퇴한 곳에 위치해 있고 지금도 매년 평균 0.2m씩 계속 그 길이를 늘려 가고 있다.

한라산 산록에 형성된 엉또폭포

폭포를 중심으로 양쪽으로 단층애가 병풍처럼 펼쳐져 있다. 폭포 일대의 단애가 살짝 뒤쪽으로 들어간 것은 두부침식이 진행되고 있다는 증거가 된다. 북아메리카의 나이아가라 폭포도 이런 과정을 거쳐 지금의 위치에 이르게 되었다. 수백 년 혹은 수천 년의 시간이 지나면 엉또폭포도 아마 지금의 위치에서 훨씬 위쪽으로 이동해 있을지 모른다.

2017.2.24. 오전 9:46. 위도 33.15.59. 경도 126.30.00. 지표고도 140m

우기의 엉또폭포

비가 꽤나 내렸다고 해야 겨우 이 정도의 폭포수를 볼 수 있다. 이 사진에서는 오른쪽으로 단층이 뚜렷이 나타난다. 제주도 여러 폭포들과 이곳 엉또폭포는 그 성격이 상당히 다른데, 사진에서 보는 바와 같이 이 폭포는 단층과 관련해서 만들어진 구조적 폭포인 것으로 생각된다.

2016.4.17. 오후 3:40. 위도 33.16.06. 경도 126.29.59. 지표고도 120m

건기의 엉또폭포

엉또폭포는 마른 폭포로도 유명하다. 폭포수는 말라 있지만 폭호에는 물이 고여 있다. 제주의 다른 폭포들처럼 용천으로부터 늘 지하수를 공급받고 있기 때문이다. 두부침식이 진행되고는 있지만 폭포수가 흐르는 기간이 짧다 보니 그 진행 속도는 상당히 느릴 것으로 생각된다.

2017.2.1. 오전 10:58, 위도 33.16.05, 경도 126.29.58, 지표고도 20m

주상절리 하부의 풍화동굴

원래 주상절리 하부 경계면을 따라 지하수가 용출되면서 차별풍화를 일으킨 작은 동굴을 지역 주민이 인공적으로 확장해 감귤저장고로 사용했던 동굴이다. 현장에서는 '키스동굴'이라고 이름을 붙여 관광객들의 시선을 끌고 있다. 이 일대는 과거 원나라(몽골)의 피난궁 건설 예정지였고 주변에는 당시 상당량의 보물을 숨겨 놓았을 것이라는 이야기 전해진다. 밋밋한 한라산 자락에서 수직의 폭포절벽과 크고 작은 풍화동굴들은 보물을 은닉하기에 최적의 장소였을 것이다.

2017.2.1. 오전 11:02, 위도 33.16.06, 경도 126.29.58, 지표고도 −5m

엉또폭포와 폭호 1

건천 상태인 폭포 상류 하상과 물이 고여 있는 폭호 경관이 매우 대조적이다.

2017.2.1. 오전 10:39, 위도 33.16.05, 경도 126.29.58, 지표고도 140m

엉또폭포와 폭호 2

2017.2.1. 오전 10:46, 위도 33.16.07, 경도 126.30.00, 지표고도 145m

55 대포주상절리대

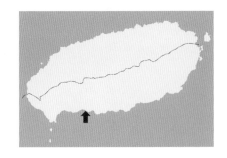

위치 서귀포시 중문동
☞ 올레길 8코스

키워드 수직주상절리, 경사주상절리, 클링커층

경관 해석

주상절리는 용암이 식을 때 수축작용이 일어나면서 수직 방향으로 다각형 형태로 쪼개진 것이다. 화산지역인 제주에서 가장 흔히 볼 수 있는 경관 중 하나가 주상절리 경관인데 그중 가장 유명한 곳이 바로 대포주상절리대이다. 주상절리는 그 자체로도 볼거리지만 폭포, 협곡, 단애 등의 다른 지형이 발달하는 데 결정적인 환경을 제공하기도 한다. 현재 대포주상절리대를 포함한 이 일대 해안지역에 대형 리조트 단지가 들어선다고 해서 논란이 일고 있다.

대포주상절리대의 가장 큰 특징은 주상절리가 대규모로 집단적으로 나타난다는 점도 있지만 지형학적으로는 **수직주상절리**와 **경사주상절리**가 함께 나타나는 장소라는 점에서 더욱 특별하다. 보통 주상절리하면 수직의 것을 떠올리지만 주상절리에는 기울어진 것도 있고 누운 것도 있다. 기울어진 것은 경사주상절리, 누운 것은 와상주상절리로 부른다. 또 평면형태로 보면 방사상주상절리, 부채꼴주상절리 등 다양한 형태가 있다. 기울어진 주상절리는 큰 규모의 두께를 갖는 용암층이 천천히 식을 때 외부에서 가해진 힘에 의해 용암층이 움직이면서 만들어진 것이다.

대포주상절리대에서는 상부층에 **클링커(clinker)층**이 뚜렷하게 관찰되고 있어 이곳 주상절리의 형성 메커니즘을 이해하는 데 도움을 주고 있다. 클링커는 용암층 경계부에 형성된 거친 조직의 암괴를 말하는 것으로, 기존의 암석에 뜨거운 용암이 누적되면서 접촉변성작용을 일으킴으로써 만들어진다.

대포주상절리대와 주변 경관

서귀포시 대포동 해안선을 따라 성천포에서 월평동에 이르는 약 3.5km 구간에 걸쳐 주상절리대가 형성되어 있다. 이곳의 기반암은 대포동조면현무암이다.

2016.8.23. 오전 8:06, 위도 33.14.08, 경도 126.25.33, 지표고도 110m

대포주상절리대

2016.8.23. 오전 8:37, 위도 33.14.12, 경도 126.25.31, 지표고도 130m

수직주상절리와 경사주상절리

대포주상절리대 해안에는 수직주상절리와 경사주상절리가 함께 나타난다. 경사 주상절리는 사진의 오른쪽(동쪽)으로 갈수록, 수직주상절리는 서쪽으로 갈수록 뚜렷해진다.

2016.8.23. 오전 8:11, 위도 33.14.10, 경도 126.25.34, 지표고도 55m

수직주상절리

2016.8.23. 오전 8:40, 위도 33.14.10,
경도 126.25.32, 지표고도 30m

경사주상절리

2016.8.23. 오전 8:30. 위도 33.14.13,
경도 126.25.35. 지표고도 45m

주상절리와 클링커층

주상절리대 상부는 하부에 비해 주상절리 윤곽이 뚜렷하지 않은데 이는 클링커층과 관계 있다. 상부는 클링커로 피복되어 있는데 이는 초기 지표면에서 용암이 식을 때 용암층이 공기와 접하면서 빨리 식었기 때문이다. 결국 이 클링커층이 하부 용암층이 상대적으로 천천히 식도록 단열효과를 발휘함으로써, 하부 용암은 천천히 식으면서 수축되어 지금과 같은 전형적인 수직의 주상절리가 발달한 것이다.

2016.8.23. 오전 9:07. 위도 33.14.11, 경도 126.25.30. 지표고도 70m

주상절리에 발달한 마린포트홀

2016.8.23. 오전 8:15, 위도 33.14.11, 경도 126.25.34, 지표고도 65m

마린포트홀

내부 표면을 관찰했을 때 이 포트홀은 전형적인 포트홀 메커니즘과는 관계없이 단순히 기반암 중 약한 부분의 주상절리가 국지적으로 붕괴되면서 만들어진 것으로 보인다. 따라서 이 지형은 마린포트홀과 나마의 성격을 동시에 지닌 것으로 생각된다.

2016.8.23. 오전 8:16, 위도 33.14.11, 경도 126.25.34, 지표고도 55m

주상절리에 발달한 타포니

만조 때도 드러나는 부분에는 타포니가 집중 발달해 있고, 반대로 잠기는 부분은 파식에 의해 주상절리 표면이 둥글게
풍화되어 있다.

2016.8.23. 오전 8:31. 위도 33.14.13. 경도 126.25.34. 지표고도 40m

타포니

타포니는 주상절리의 경계면에서
는 거의 발달하지 않고 그 내부를
중심으로 형성되고 있는 것이 특징
적이다. 이는 주상절리에서도 부
분적으로 풍화에 대한 저항 강도가
다르기 때문인 것으로 생각된다.
최근 풍화지형 연구에서는 이러한
관점에서 암석의 미세한 광물학적
차이를 강조한 구조지형학적 연구
가 활발히 진행되고 있다.

2016.8.23. 오전 8:31. 위도 33.14.13.
경도 126.25.34. 지표고도 20m

56 천제연폭포

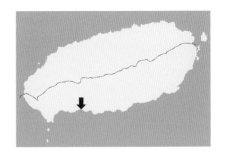

위치 서귀포시 중문동
☞ 올레길 8코스

키워드 지하수폭포, 폭호

경관 해석

제주도 3대 폭포 중 하나로 서귀포 중문관광단지에서 가장 가까이 있는 관광명소다. 중문천 하류 구간에 있는 천제연폭포는 하나가 아니라 제1폭포, 제2폭포, 제3폭포 등 3개의 폭포로 이루어져 있다. 그러나 제1폭포는 비가 올 때만 나타나는 마른 폭포이고 폭포다운 폭포는 제2폭포와 제3폭포다. 중문천 역시 전형적인 건천이기 때문에 나타나는 현상이다.

제1폭포는 폭포 자체보다 폭포 아래 발달한 거대한 천제연이 더 볼만하다. 천제연은 연중 맑고 풍부한 물을 담고 있는데 이는 바닥에서 끊임없이 솟아나는 샘물(용천) 덕택이다. 이 물은 그 아래 제2폭포와 제3폭포에 물을 공급해 주는 역할을 한다. 이렇게 지하수를 원천으로 하는 폭포를 지형학에서는 **지하수폭포**로 부른다.

폭포수가 풍부한 제2폭포와 제3폭포에는 **폭호**가 잘 발달되어 있다. 제2폭포와 제3폭포 사이 협곡에 아찔하게 걸려 있는 선임교는 천제연폭포의 또 다른 볼거리다.

제주도 남쪽 해안에 폭포가 많은 이유

제주도에는 유독 화순~서귀포에 이르는 해안에 폭포들이 집중되어 있다. 그 이유는 무엇일까? 이는 이 일대의 암석 및 지형적 특징과 관련이 깊다.

① 제주도 남쪽 해안 일대는 약 50m 두께의 서귀포층이 퇴적된 후 약 40m 높이로 융기했다.

② 융기한 서귀포층은 불투수층 역할을 함으로써 지하로 스며드는 지하수를 차단시켜 많은 지하수를 머금을 수 있게 되었다.

③ 풍부한 해안 지하수는 지표 위로 용출을 용이하게 하였고 이들 용출수가 건천에서의 폭포수를 흐르게 하는 원천이 되었다.

중문천과 천제연폭포 전경

사진 중앙의 선임교를 경계로 위쪽으로 제2폭포−제1폭포−천제교가 이어지고 선임교 아래 보이는 것이 제3폭포다. 천제연계곡 양쪽 일대는 천연난대림지대로 상록수림이 자라고 있고 이는 천연기념물(378호)로 지정되어 있다.

2016.4.30. 오후 2:08, 위도 33.14.58, 경도 126.24.55, 지표고도 80m

천제연 제3폭포

2016.4.30. 오후 2:10, 위도 33.14.59,
경도 126.24.57, 지표고도 30m

천제연 제2폭포

천제연 제2폭포는 전형적인 '지하수 폭포'로서 그 위쪽의 천제연 제1폭포의 폭호인 천제연에서 솟아나는 용천수에 의해 물을 공급받는다. 당연히 용천수 위쪽의 천제연 제1폭포는 평상시 물이 흐르지 않는다.

2016.4.30. 오후 1:41, 위도 33.15.08, 경도 126.25.00, 지표고도 40m

천제연 제1폭포와 천제연

천제연 제1폭포는 물이 없는 마른 폭포다. 평상시는 이렇게 말라 있다가 비가 온 다음에야 폭포가 되살아난다. 사진에서 보면 폭포 위쪽의 중문천은 대부분 구간이 물이 거의 없는 건천 상태이다.

2016.4.30. 오후 1:40, 위도 33.15.11, 경도 126.25.03, 지표고도 45m

선임교 1

천제연 설화 속 오작교를 형상화한 다리로 설화에 나오는 '칠선녀'가 조각되어 있다. 길이 128m, 폭 4m, 높이 50m다. 아치형 다리로 그 자체가 볼거리고 다리 위에서 내려다보는 천제연계곡 풍경은 그야말로 장관이다.

2016.4.30. 오후 2:11, 위도 33.15.03, 경도 126.24.58, 지표고도 60m

선임교 2

2016.4.30. 오후 2:06, 위도 33.15.05,
경도 126.24.59, 지표고도 85m

57 갯깍주상절리대

위치 서귀포시 색달동
☞ 올레길 8코스

키워드 주상절리, 사력해빈, 해안단구

경관 해석

올레길 중 많은 사람들이 꼽는 매력적인 코스는 8코스다. 그중에서도 특히 하얏트 호텔에서 갯깍주상절리대를 따라 예래동 해안까지 이어지는 '해병대길'은 으뜸이다. 그런데 아쉽게도 이 길은 낙반사고의 위험 때문에 현재 통행이 금지되어 있다. 병풍처럼 해병대길을 감싸고 있는 갯깍주상절리대로부터 암괴들이 수시로 굴러떨어져 보행자들의 안전을 위협하기 때문이다.

갯깍주상절리대는 대포주상절리대와 함께 제주의 대표적 **주상절리** 명소이다. 이곳에서는 모래와 자갈이 절묘하게 섞여 있는 **사력해빈**을 볼 수 있고 주상절리 암석에 발달한 다양한 풍화미지형도 관찰할 수 있다.

주상절리 절벽 위쪽으로는 넓고 평탄한 **해안단구** 지형이 나타나는데 이 단구 지형을 이용한 곳이 바로 중문관광단지 내에 있는 중문골프장이다. 이 중문골프장의 해안코스 14번, 15번 홀에서의 바다 조망은 라운드 중 놓칠 수 없는 멋진 풍경이다.

갯깍주상절리대 해안전경

갯깍주상절리대 해안은 동쪽의 하얏트 호텔에서부터 서쪽의 예래동 해안까지 이어진다. 배후에는 수직에 가까운 주상절리 절벽이 솟아 있고 바닷가에는 자갈과 모래로 된 해빈이 길게 띠를 두르고 있다.

2016.7.25. 오후 4:54. 위도 33.14.27. 경도 126.23.50. 지표고도 95m

갯깍주상절리대

2016.7.25. 오후 4:53.
위도 33.14.27. 경도 126.23.59.
지표고도 60m

갯깍주상절리대 동쪽해안

배후 주상절리 절벽이 병풍처럼 늘어서 있고 그 앞쪽 해안에는 모래해빈과 자갈해빈이 절묘하게 조화를 이루면서 발달해 있다. 절벽 뒤쪽으로 보이는 것이 중문골프장이다. 사진 우측 하얏트 호텔을 지난 곳에 보이는 것이 중문해변이다.

2017.2.15. 오전 10:42, 위도 33.14.29. 경도 126.24.06, 지표고도 90m

사력해빈 1

2016.3.9. 오후 1:56, 위도 33.14.36, 경도 126.24.09, 지표고도 35m

사력해빈 2

2016.3.9. 오후 2:09, 위도 33.14.36, 경도 126.24.10, 지표고도 15m

갯깍주상절리대 서쪽해안

하얏트 호텔에서 해병대길을 따라 서쪽으로 향하면 이러한 또 다른 갯깍주상절리대 해안을 만날 수 있다. 주상절리 절벽 아래로는 거력의 자갈해빈이 이어진다.

2016.7.23. 오전 11:01, 위도 33.14.29, 경도 126.24.04, 지표고도 50m

갯깍주상절리

2016.7.25. 오후 4:50, 위도 33.14.29, 경도 126.24.00, 지표고도 25m

갯깍주상절리대 해안의 암초

해안이 후퇴하는 과정에서 남아 있는 일종의 시스택이다. 지금은 바닷새들의 안전한 휴식처가 되고 있다.

2017.2.15. 오전 10:40, 위도 33.14.29, 경도 126.24.06, 지표고도 -2m

58 들렁궤

위치 **서귀포시 색달동**
☞ 올레길 8코스

키워드 해식애, 해식동굴, 해식동문

경관 해석

들렁궤는 갯깍주상절리대 서쪽 **해식애**에 발달한 **해식동굴**이다. 들렁궤란 '바위동굴'이라는 뜻의 제주어다. 그러나 이 동굴은 좀 특이해서 동굴 안으로 들어가면 반대 방향으로 다시 나오게 되어 있다. 동굴 입구가 서쪽과 동쪽에 각각 하나씩 있는 일종의 열린 동굴이다.

국내에서는 아직 학술적인 공식명칭이 없지만 일본에서는 이러한 지형에 '**해식동문(海蝕洞門)**'이라는 용어를 쓰고 있다. '동문'이란 '동굴을 통과하는 문'이라는 뜻인데, 이런 열린 동굴은 해식동굴의 침식이 상당히 진행된 단계로 여기에서 더 침식작용이 진행되면 시아치, 시스택 등으로 바뀌게 된다.

들렁궤 서쪽 입구 1
들렁궤는 그 입구가 서쪽과 동쪽에 각각 하나씩 있다. 즉 해식동굴이 관통되어 일종의 시아치 형태의 관통형 동굴이 만들어진 것이다. 사진의 동굴은 서쪽 입구 모습이다. 동굴 주변은 수직주상절리로 되어 있고 이를 반영하여 동굴 입구도 수직형태로 발달했다. 그러나 동굴 오른쪽부터는 방사상주상절리가 나타난다.
2017.2.15. 오전 10:31, 위도 33.14.27, 경도 126.23.57, 지표고도 30m

들렁궤가 있는 갯깍주상절리대 서쪽 절벽지대

들렁궤는 갯깍주상절리대 중 서쪽 해안의 절벽 아래 형성되어 있다. 사진에서는 가운데쯤 수직으로 된 동굴 입구가 어렴풋이 보인다.

2016.7.23. 오전 10:54, 위도 33.14.27, 경도 126.23.55, 지표고도 30m

들렁궤 동쪽 입구 1

서쪽 입구보다 상대적으로 약 5m 높은 절벽에 뚫려 있다. 즉 서쪽 입구가 바로 해빈에 연결되어 있다면 동쪽 입구는 절벽에 걸려 있다는 이야기다.

2017.2.15. 오전 10:34, 위도 33.14.29, 경도 126.23.59, 지표고도 40m

들렁궤 서쪽 입구 2

수직의 주상절리를 반영하여 입구 모양도 직사각형 구조를 하고 있다. 동굴로 들어가 위를 쳐다보면 천장에 주상절리 단면이 그대로 드러나 있다.

2017.2.15. 오전 10:32, 위도 33.14.28, 경도 126.23.57, 지표고도 30m

들렁궤 동쪽 입구 2

수평 내지 방사상 주상절리를 반영하여 타원형의 입구가 만들어졌다.

2017.2.15. 오전 10:36, 위도 33.14.29, 경도 126.23.59, 지표고도 35m

들렁궤 내부

동쪽 입구 쪽을 바라본 경관이다.

아이폰 사진, 2017.2.14. 오후 1:53, 위도 33.14.31, 경도 126.23.57

들렁궤 서쪽 입구 부분의 천장에 발달한 주상절리 단면

아이폰 사진, 2017.2.14. 오후 1:53, 위도 33.14.29, 경도 126.23.57

들렁궤 동쪽 입구에서 바라본 갯깍주상절리대 해안

아이폰 사진, 2017.2.14. 오후 1:59, 위도 33.14.29, 경도 126.23.59

들렁궤 주변 주상절리 절벽지대의 해식와지

절벽 하부에 바위그늘이 보이는데 이는 해식와지 혹은 노치라고 부르는 것으로 해식동굴이 발달하기 시작하는 초기의 경관이다. 두 개의 이웃한 노치가 발달해 있는데 이 둘은 '미래의 들렁궤'인 셈이다.

2016.7.23. 오전 10:58, 위도 33.14.31, 경도 126.24.06, 지표고도 30m

59 제주1100고지습지

위치 서귀포시 색달동
  ☞ 올레길 8코스
키워드 산지습지

경관 해석

　제주도 한라산 서쪽 기슭, 1100고지휴게소 앞에 있는 **산지습지**다. 이름 그대로 해발 1,100m 산록지대에 발달한 습지로, 1139번 도로를 따라 한라산 서쪽 산록을 오르다 보면 휴게소 맞은편에 있다. 전형적인 난대림 식생과 습지생태계가 어우러져 독특한 분위기를 연출한다.

　습지는 보통 지리적 위치 특성에 의해 하천습지, 산지습지, 연안습지, 하구습지 등으로 구분한다. 제주 1100고지습지는 한국의 대표적인 산지습지 중 하나이다. 제주도에는 이 밖에도 동백동산습지, 물영아리 오름습지, 물장오리오름습지 등의 산지습지가 있다.

　산지습지는 특수한 환경에서 서식하는 생물 유전자의 저장소인 동시에 하천 최상류에 수분을 지속적으로 공급하는 기능을 가지고 있다. 또한 퇴적물 축적을 통해 습지 형성 이후의 지리적 환경 변화에 대한 기록이 잘 보존되어 있어 환경변화 연구에 없어서는 안 될 주요한 장소이기도 하다.

　제주1100고지습지는 한라산의 특이한 지형적 특징과 관련하여 형성되었다. 제주도는 잘 알려진 바와 같이 수백 개의 오름(기생화산)이 발달해 있는데 1100고지습지는 바로 이들 오름에 둘러싸인 와지 형태의 완사면에 발달한 습지이다.

제주1100고지습지 전경

사진 왼쪽의 도로는 제주와 서귀포를 서쪽으로 이어주는 1139번 지방도이다. 이 도로의 중간쯤 되는 해발 1100m 지점에 1100고지휴게소가 있고, 습지는 이 휴게소 바로 맞은편에 있다. 이 도로는 한라산에 눈이 내리면 가장 먼저 통행이 금지된다.

2016.5.23. 오후 1:51. 위도 33.21.22. 경도 126.27.47. 지표고도 140m

제주1100고지습지 1

습지를 따라 목재 데크를 설치해 약 15분 정도 산책을 할 수 있도록 꾸며 놓았다. 데크 양 옆으로는 한라산의 희귀한 난대성 수목들이 늘어서 있어, 마치 잘 꾸며진 난대림 수목원을 걷는 기분이 든다.

2016.5.23. 오후 1:39, 위도 33.21.27, 경도 126.27.49, 지표고도 148m

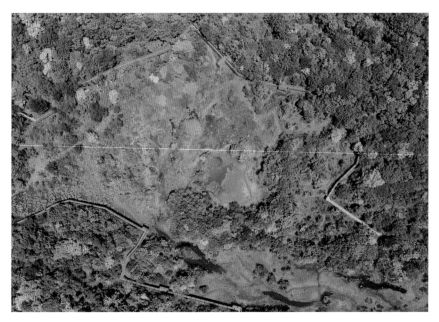

제주1100고지습지 2

2016.5.23. 오후 1:36, 위도 33.21.27, 경도 126.27.49, 지표고도 130m

제주1100고지습지 3

2016.5.23. 오후 1:36, 위도 33.21.27, 경도 126.27.49, 지표고도 30m

제주1100고지습지 4

최대한 저고도로 촬영한 사진이다.

2016.5.23. 오후 3:35, 위도 33.21.25, 경도 126.27.47, 지표고도 15m

60 예래동 조수웅덩이

위치 서귀포시 예래동
☞ 올레길 8코스

키워드 조간대, 조수웅덩이

경관 해석

암석해안의 **조간대**에 만들어진 크고 작은 물웅덩이를 **조수웅덩이**라고 한다. 웅덩이는 늘 물이 고여 있어 독립된 또 하나의 해안생태계를 형성한다. 조수웅덩이는 기반암의 구조적 요인에 의해 차별침식이 진행되는 과정에서 만들어지는데 화산암의 암석해안이 많은 제주도의 경우 곳곳에 조간대 조수웅덩이가 존재한다.

제주의 여러 곳 중 특히 예래동 예래천 하구 부근은 아주 가까이서 조수웅덩이를 관찰하고 체험해 볼 수 있는 대표적인 장소다. 올레길 8코스 중에서 '해병대길'로 알려진 갯깍주상절리대 해변길이 시작되는 곳으로 갯깍주상절리대 주차장에 인접해 있다.

예래동 암석해안과 조수웅덩이
암석해안 곳곳에서 조수웅덩이를 관찰할 수 있다.
2016.7.23. 오전 10:26, 위도 33.14.24, 경도 126.23.51, 지표고도 50m

조수웅덩이 1

2017.2.14. 오후 3:38, 위도 33.14.24, 경도 126.23.48, 지표고도 30m

조수웅덩이 2

용암류가 바다 쪽으로 흐르면서 용암벽을 만들고 그 벽들 사이에 차별침식에 의해 웅덩이가 형성되었다. 규모가 큰 경우는 하나의 독특한 생태계가 형성된다.

2016.7.23. 오전 10:21, 위도 33.14.25, 경도 126.23.47, 지표고도 45m

조수웅덩이 3

2017.2.14. 오후 3:43, 위도 33.14.26, 경도 126.23.47, 지표고도 20m

조수웅덩이 4

2017.2.14. 오후 3:40, 위도 33.14.25, 경도 126.23.48, 지표고도 50m

61 박수기정

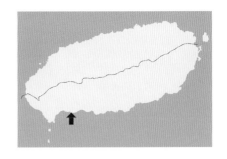

위치 서귀포시 안덕면 대평리
☞ 올레길 9코스

키워드 해식애, 해안단구, 주상절리

경관 해석

　박수기정은 대평리 대평포구와 화순리 화순항 사이에 있는 해안절벽지대다. 지형학적으로는 수직의 **해식애**와 함께 그 위에 형성된 평탄한 **해안단구** 경관이 인상적이다. 해안단구는 과거의 평탄한 해안지대가 융기에 의해 지금의 해안선보다 높은 곳에 올라가 있는 지형이다. 제주도는 북쪽 해안에 비해 상대적으로 남쪽 해안에 치우쳐 융기가 진행되었기 때문에, 현재 제주도의 해안단구나 해식애 등은 대부분 남쪽 해안을 중심으로 발달해 있다. 박수기정은 이러한 메커니즘을 이해할 수 있는 대표적 장소 중 하나다.

　박수기정 일대로 올레길 9코스가 지나는데 이곳에서는 박수기정길로도 불린다. 지역주민들이 '샘(박수)이 솟는 절벽(기정)'이라는 의미로 박수기정이라고 불러 왔는데 일반인들에게는 잘 알려져 있지 않은 지명이다.

　박수기정의 기반암은 크게 하부 응회암 수평층과 상부 조면암류로 구성되어 있다. 또한 상부 조면암류는 시기를 달리하는 2개의 암층으로 구분된다. 박수기정의 지형발달은 이들 기반암의 특성과 밀접한 관련이 있다. 즉, 상대적으로 응회암은 연암, 조면암류는 경암이어서 풍화와 침식이 진행될 때 상부 조면암류가 하부 응회암을 침식으로부터 보호함으로써 이러한 거대한 병풍절벽이 만들어진 것이다. 조면암에 발달한 **주상절리**도 절벽지형을 만드는 데 한몫했다. 인근 창고천 하류 쪽에 위치한 안덕계곡에서도 같은 형태의 주상절리가 잘 관찰된다.

박수기정 해안

화산지형과 해안지형이 절묘하게 어우러져 있는 경관이다. 멀리 뒤쪽으로는 한라산이 보이고 오름 앞쪽으로 해안단구와 그 아래로는 주상절리 해식애가 발달해 있다. 해식애를 구성하는 용암층과 응회암층이 뚜렷이 구분된다. 여기에서 동쪽으로 돌아가면 용암층은 두 층으로 구분된다. 해안에는 거력의 자갈해빈이 형성되어 있다. 이 자갈들은 조면암 절벽으로부터 붕괴된 암석으로 구성되어 있다.

2017.2.27. 오후 2:36, 위도 33.13.57, 경도 126.20.52, 지표고도 110m

박수기정 서쪽 끝 절벽지대

서쪽으로 올수록 용암층은 얇아지고 응회암층은 두꺼워지는 특성을 보인다. 용암층에 비해 상대적으로 응회암 퇴적층이 대부분을 차지하기 시작하는 구간에서 해식애 경관은 사라진다.

2017.2.27. 오후 2:11. 위도 33.14.09. 경도 126.20.48. 지표고도 20m

바다 쪽에서 바라본 박수기정 해안

사진에서 오른쪽으로 갈수록 상부 용암층은 명확하게 두 개의 층으로 구분되고 주상절리 경관도 뚜렷해진다. 그 아래 수평퇴적층은 왼쪽으로 갈수록 두꺼워지고 결국 절벽지대는 끝이 난다. 오른쪽이 대평포구이고 왼쪽이 화순항 쪽이다.

2017.2.27. 오후 2:40. 위도 33.13.53. 경도 126.21.16. 지표고도 110m

동쪽에서 바라본 박수기정 해안

박수기정 절벽 위쪽 가장자리를 따라 올레길 9코스가 이어진다. 이 포인트에서 보면 박수기정의 절벽지대는 크게 2단으로 구성되어 있음을 확실히 알 수 있다. 최소 두 차례 이상의 용암분출이 있었다는 이야기다. 뒤쪽에 우뚝 솟아 있는 것이 산방산이다.

2016.6.2. 오전 9:41, 위도 33.19.09, 경도 126.21.25, 지표고도 90m

박수기정 동쪽 끝 절벽지대

고도를 더욱 낮춰 근접 촬영해 보면 박수기정 절벽지대 지형이 상당히 복잡한 구조를 하고 있음을 알 수 있다. 오른쪽 용암층 아래쪽으로 수평퇴적층이 관찰된다. 제주도 남쪽 해안절벽지대는 이러한 경관이 일반적이다.

2016.6.2. 오전 9:48, 위도 33.14.08, 경도 126.21.26, 지표고도 40m

62 화순리 복합포켓비치

위치 서귀포시 안덕면 화순리
☞ 올레길 10코스, 산방산·용머리해안 지질트레일 B코스

키워드 포켓비치, 헤드랜드, 검은모래해빈

경관 해석

화순금모래해변에서 서쪽 용머리해안 쪽으로 닿아 있는 포켓비치 해빈이다. 해빈 중 모래가 퇴적된 것을 사빈 혹은 모래해빈이라고 하는데 이들이 포켓 모양으로 오목하게 들어간 만입지형에 형성된 것을 특히 **포켓비치**(pocket beach)라고 부른다. 보통 **헤드랜드**(headland)와 또 다른 헤드랜드 사이에 만들어진다. 사빈은 화순금모래해변과 마찬가지로 **검은모래해빈**에 해당된다.

그런데 이곳 포켓비치는 지형학적으로 매우 독특한 특징을 갖고 있다. 우선 포켓비치를 만든 헤드랜드는 제주도의 돌담을 연상시킨다. 해변에 수직방향으로 용암잔존지형이 길게 이어져 있고 그 사이에 포켓비치가 형성된 것이다. 게다가 이러한 포켓비치는 3~4개가 연속된 이른바 복합포켓비치(pocket beach complex) 형태를 보인다. 이러한 해빈은 제주도뿐만 아니라 국내 어느 해변에서도 보기 어려운 아주 독특한 경관이다.

이 해안으로는 산방산·용머리해안 지질트레일 B코스가 지나는데 이 지질트레일은 제주도에서 처음 개설된 것이다. 지금은 김녕·월정 지질트레일, 수월봉 지질트레일, 성산·오조 지질트레일 코스가 개설되어 제주도에는 모두 4개의 트레일이 조성되어 있다.

화순해변의 복합포켓비치 1

화순금모래해변과 용머리해안 사이에 있는 독특한 포켓비치이다. 포켓비치는 U자형의 사빈이 연합되어 있는 형태다. 각 포켓비치는 해안으로 뻗어 있는 용암제방 형태의 기반암에 의해 구분되어 있다. 포켓비치의 내륙 쪽 경계면에는 수직의 단애가 형성되어 있고 주상절리도 관찰된다.

2016.7.27. 오전 11:25, 위도 33.14.16, 경도 126.19.31, 지표고도 110m

화순해변의 복합포켓비치 2

2016.7.27. 오전 11:31, 위도 33.14.18, 경도 126.19.35, 지표고도 120m

화순해변의 복합포켓비치 3

멀리 산방산 쪽 해안의 직선 해빈과는 대조를 이룬다. 이는 용암 분출의 시기, 용암의 특성 등에 따른 구조적 요인이 작용된 것으로 생각된다. 즉 산방산은 점성이 강한 용암이 분출하여 용암원정구가 되었지만, 이곳 화순해변 쪽으로는 점성이 약한 용암이 바닷가까지 길게 흐르면서 용암벽이 만들어졌고 이 용암벽을 경계로 몇 개의 포켓비치가 만들어진 것으로 추정된다.

2016.7.27. 오후 1:19, 위도 33.14.21, 경도 126.19.41, 지표고도 110m

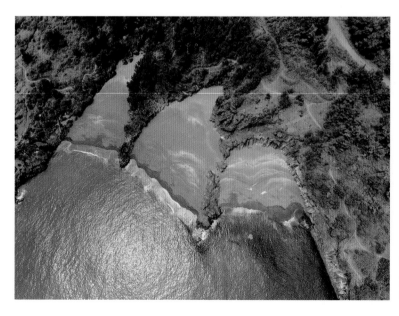

복합포켓비치 1

2016.7.27. 오후 1:22, 위도 33.14.23, 경도 126.19.34, 지표고도 125m

복합포켓비치 2

2016.7.27. 오후 1:23. 위도 33.14.22. 경도 126.19.34. 지표고도 45m

포켓비치 배후의 주상절리

포켓비치의 배후에는 수직의 주상절리가 나타난다. 제주도만의 독특한 해빈 풍경이다.

2016.7.27. 오후 1:21. 위도 33.14.23. 경도 126.19.34. 지표고도 55m

63 용머리해안

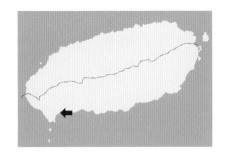

위치 서귀포시 안덕면 사계리

☞ 올레길 10코스, 산방산·용머리해안 지질트레일 A코스

키워드 응회환, 해식애, 파식대

경관 해석

산방산 앞쪽 해안으로 길게 용의 머리처럼 돌출된 화산체에 붙여진 이름이다. 용머리화산체는 약 120만 년 전에 형성된 것으로 제주에서는 가장 오래된 화산 중 하나다. 그러나 이 화산체는 하나가 아니고 시기를 달리하면서 차례로 분출한 세 개의 수성화산이 결합된 복합체다(제주특별자치도, 2016b).

용머리해안은 지형학적으로 수성화산이며 그중에서도 **응회환**에 해당된다. 용머리 응회환은 오랜 기간 동안 풍화작용과 파도의 침식에 의해 원래의 모습은 거의 사라졌고 지금은 그중 극히 일부만 남아 있다. 응회환 잔존지형은 해안에 거의 수직으로 길게 뻗어나온 헤드랜드 형태로 존재하는데 해안은 전형적인 **해식애**와 환상의 **파식대**로 이어져 있다.

제주도 형성 약사 – 4단계 이론

제주도는 약 120만 년 전부터 시작해서 약 100만여 년에 걸쳐 크게 4번의 화산활동으로 형성되었고 약 1,000년 전에 완성되었다.

① 해저화산 형성시기 : 현무암 및 조면암류 분출

  – 100여 개 수성화산체 형성

  – 산방산 등 형성

② 육지화산 형성시기 : 현무암 및 조면안산암 분출

  – 타원형의 현무암 용암대지 형성

  – 서귀포층 퇴적

  – 화순~서귀포 사이의 조면안산암 절벽 및 폭포지대 형성

③ 한라산체 형성시기 : 현무암질 용암의 중심분출

  – 한라산체 형성

  – 거문오름 용암동굴계 형성

④ 백록담 형성시기 : 대량의 현무암질 용암 및 일부 조면암 분출

  – 현무암과 조면암이 복합된 백록담 형성

  – 현무암질 오름 형성

  – 하모리층, 신양리층 퇴적

용머리해안 경관

뒤쪽으로 산방산이 거대한 병풍처럼 솟아 있고 그 앞쪽으로 용머리화산체가 바다 쪽으로 길게 뻗어 있다.

2017.2.28. 오후 3:20, 위도 33.13.46, 경도 126.19.00, 지표고도 130m

남동쪽에서 바라본 용머리해안

용머리해안은 ① 왼쪽 머리부분, ② 중간 부분, ③ 산방산 쪽 부분 등 세 화산체가 결합된 것이다. 형성시기는 ②→③→① 순이다. ③ 화산체 우측 뒤로 산방산 자락이, 사진 중앙 멀리 뒤쪽으로 단산(우측)과 모슬봉(좌측)이 보인다.

2016.4.8. 오전 10:49, 위도 33.13.55, 경도 126.19.13, 지표고도 80m

동쪽에서 바라본 용머리해안

응회환을 이루는 화산퇴적층의 수평구조가 뚜렷하게 관찰된다.

2016.4.8. 오후 12:10, 위도 33.14.00, 경도 126.18.56, 지표고도 30m

북동쪽에서 바라본 용머리해안

이 방향에서 보면 3개의 응회환이 결합된 화산체 윤곽이 더 뚜렷하다.

2016.7.17. 오전 9:43, 위도 33.14.10, 경도 126.18.57, 지표고도 80m

용머리해안 해식애와 파식대

파식대는 응회환의 수평퇴적층을 그대로 반영하고 있고 수직절리에 의해 몇 개의 부분으로 단절되어 있다.

2016.7.17. 오전 9:46. 위도 33.14.04. 경도 126.18.57. 지표고도 60m

용머리 남쪽 해안 경관

뒤쪽 산방산의 수직구조와 용머리 해안의 수평구조가 뚜렷하게 대비된다. 해안을 따라 환상의 파식대가 발달해 있는 것이 인상적이다. 이는 관광객들의 탐방코스로 이용되는데 만조 때나 파도가 강한 날에는 출입이 금지된다.

2017.2.28. 오후 3:25. 위도 33.13.51. 경도 126.18.52. 지표고도 50m

서쪽에서 바라본 용머리해안

용머리 화산체의 서쪽은 동쪽에 비해 상대적으로 완만하다.

2017.2.28. 오후 3:29. 위도 33.13.52. 경도 126.18.47. 지표고도 90m

64 산방산

위치 서귀포시 안덕면 사계리
☞ 올레길 10코스, 산방산·용머리해안 지질트레일 A코스

키워드 안산암, 용암원정구, 토르, 암괴류

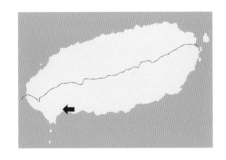

경관 해석

산방산은 360여 개의 제주도 기생화산 중 가장 특이한 형태의 화산이다. 제주의 대부분 기생화산은 폭발성 화산분출에 의해 화산자갈이 쌓인 분석구인 데 반해 산방산은 점성이 강한 조면암질 **안산암**이 분출해서 돔 형태로 쌓인 화산체다. 종 모양이라는 뜻으로 종상화산 혹은 **용암원정구**, 용암돔 등의 이름으로도 불린다. 폭발성 분출이 아니기 때문에 화구가 없는 것이 특징이다.

산방산의 형성 시기는 대략 80만 년 전인 것으로 추정하고 있다. 비슷한 시기에 형성된 인접한 용머리해안과의 선후 관계에서는 어느 화산체가 먼저인지에 대해 이견이 있는데 일반적으로 용머리해안이 먼저 만들어지고 그 후에 산방산이 형성되었다고 보는 견해가 많다.

일반인들이 알고 있는 산방산의 이미지는 거대한 종모양의 화산체다. 그러나 이러한 이미지는 사실 과장되어 있는 측면이 있다. 일반적으로 교과서에 등장하는 사진은 산방산의 남서쪽에서 바라본 경관인데 다른 시점에서 산방산을 조망해 보면 전혀 다른 모습이다. 이는 오랜 시간 동안 진행된 개석에 의해 화산체가 지속적으로 해체되고 있기 때문이다. 그 결과 북동사면에는 전형적인 **토르**, **암괴류**, 완사면 등이 존재하고 이들 사면에서는 용암원정구의 원형을 찾아보기 어렵다.

남서쪽에서 바라본 산방산

이 방향에서 보면 산방산은 전형적인 용암원정구 모습을 하고 있다.

2017.2.28. 오후 4:20. 위도 33.13.51. 경도 126.18.36. 지표고도 140m

올레길 10코스에서 바라본 산방산

해질 무렵 올레길 10코스를 걸으면서 바라보는 산방산과 용머리해안 풍경은 일품이다.

2016.8.17. 오전 10.32. 위도 33.13.40. 경도 126.18.31. 지표고도 145m

북서쪽에서 바라본 산방산

풍화와 침식작용으로 사면경사가 완만해지면서 용암원정구의 형태가 상당히 변형되어 있다.

2016.5.17. 오후 2:46, 위도 33.14.29, 경도 126.18.20, 지표고도 148m

남쪽에서 바라본 산방산

산의 중상부에 전형적인 조면암질 안산암 주상절리가 관찰된다. 주상절리는 지름 2m, 높이 50m 이상으로 상당히 규모가 크다.

2016.5.17. 오후 12:47, 위도 33.14.17, 경도 126.18.59, 지표고도 100m

남동쪽에서 바라본 산방산

이 방향에서는 단층면과 침식곡이 관찰된다. 이 단층면은 산방산을 동서로 가르면서 서쪽의 단산까지 이어진다. 산방산은 공중에서 내려다보면 동서방향으로 긴 타원형인데 이는 동서방향의 단층작용과 그에 따른 차별침식의 결과인 것으로 추정된다.

2017.1.31. 오전 10:40, 위도 33.14.36, 경도 126.19.12, 지표고도 120m

동쪽에서 바라본 산방산

전형적인 용암원정구 모습은 거의 보이지 않는다. 사진 우측 능선부에 존재하는 토르를 통해 산방산의 해체가 상당히 진행되었음을 알 수 있다.

2017.1.31. 오전 10:36. 위도 33.14.46. 경도 126.19.20. 지표고도 50m

산방산 북동부 능선에 발달한 안산암질 토르 1

용암원정구가 해체되는 과정에서 발달한 탑형 토르들이 집단으로 노출되어 있다. 우측 골짜기에는 토르가 발달하는 과정에서 형성된 암괴류도 관찰된다.

2017.1.31. 오전 11:04. 위도 33.14.47. 경도 126.19.05. 지표고도 130m

산방산 북동부 능선에 발달한 안산암질 토르 2

산방산을 구성하는 안산암은 현무암과 화강암의 중간적 성질을 갖는 암석으로 현무암보다는 규소 성분이 많고 밝은색을 띠는 것이 특징이다.

2017.1.31. 오전 11:04. 위도 33.14.45. 경도 126.19.06. 지표고도 130m

65 단산

위치 서귀포시 안덕면 사계리

☞ 올레길 10코스, 산방산·용머리해안 지질트레일 A코스, 추사 유배
길 1코스

키워드 응회구, 화산골격, 토르

경관 해석

단산은 형태상으로 보면 제주의 일반적인 기생화산과는 전혀 다른 아주 독특한 오름이다. 바굼지오름
이라고도 하는데 그 명칭은 오름의 독특한 생김새로부터 기인한다. 단산의 형태가 마치 커다란 박쥐(바구
미)가 날개를 편 모습 같다고 해서 붙여졌다는 설과, 거대한 대바구니처럼 생겼다고 해서 붙여졌다는 설
이 있다. 단산의 단(簞)은 대광주리를 뜻한다.

평상시 단산 근처를 지나면서 눈에 들어오는 인상적인 풍경은 말잔등처럼 생긴 오름 능선부 경관이었
고, 어떻게 오름이 이렇게 생겼을까 하고 늘 궁금했었다. 드론의 눈으로 오름을 관찰해 보니 말잔등 형상
은 사라지고 이름 그대로 박쥐가 날개를 활짝 편 모습이 한눈에 들어온다. 이 또한 제주의 일반적인 오름
형태와는 전혀 다른 경관이다.

지금 우리가 보는 단산은 원래의 오름 형태와는 거리가 멀다. 단산은 수성화산의 하나인 **응회구**였던 것
으로 추정하고 있는데 오랜 기간의 풍화와 침식으로 그 원형은 사라지고 윤곽만 일부 남아 있기 때문이
다. 이러한 지형적 특징 때문에 다른 오름에서는 볼 수 없는 **화산골격**(volcanic skeleton)[1]이 드러나 있고
능선부에는 토르(tor)도 관찰된다. 생각했던 것보다 훨씬 흥미로운 오름이다.

이웃에 있는 산방산과 송악산에 비해 규모도 작고(158m) 모양도 보잘것 없어 일반 관광객들에게는 주
목받지 못하는 오름이지만, 지형학적으로는 제주지형을 이해하는 데 아주 중요한 오름인 것이다.

---

1. 화산골격 : 보통 화산체가 개석되어 평탄화되어 가는 과정에서 가장 마지막에 남는 화산의 잔유암체를 말한다. 화산은 대
개 원추형이므로 이러한 지형이 개석될 때는 방사상 하천이 흐르면서 진행되고 그 결과 방사상 계곡 사이에는 이러한 잔
유지형이 남게 된다. 미국의 십락(Ship Rock)은 대표적인 예다(한국지리정보연구회, 2012; 도서출판 세화, 2001).

단산의 독특한 경관

응회구가 해체되면서 남은 잔존지형으로 추정된다. 뾰족한 암봉과 그 아래로 이어지는 암릉은 화산골격에 해당되는 것으로 보인다.

2016.8.17. 오전 9:38, 위도 33.14.35, 경도 126.17.44, 지표고도 148m

단산의 화산골격

남동쪽 사면에 화산골격이 날카로운 능선부를 이루고 있다. 화산골격 우측으로 경사진 응회암 퇴적층이 관찰된다. 퇴적층 경사가 우측으로 기울어진 것을 보면 오름의 분화구는 사진의 좌측이었을 것으로 추측된다.

2016.8.16. 오후 2:55, 위도 33.14.20, 경도 126.17.35, 지표고도 140m

단산의 동측 화산골격과 산방산

2017.1.31. 오후 1:36, 위도 33.14.22, 경도 126.17.25, 지표고도 120m

화산골격 하단부에 형성된 토르

화강암 지역의 핵석을 떠올리게 되는 경관이다.

2016.8.16. 오후 4:16, 위도 33.14.22, 경도 126.17.32, 지표고도 90m

핵석을 연상시키는 토르

2016.8.16. 오후 4:17, 위도 33.14.22, 경도 126.17.33, 지표고도 105m

화산골격 정상부

단산의 동쪽 정상부에 해당되는 곳으로 날카로운 능선 때문에 '칼날바위' 혹은 '칼코쟁이'라는 재미있는 이름으로도 불린다. 산악인들의 암벽등반 훈련장으로도 사랑을 받는다.

2017.1.31. 오후 1:39, 위도 33.14.25, 경도 126.17.31, 지표고도 130m

응회암 퇴적구조가 잘 나타나는 경관

2017.1.31. 오후 1:43, 위도 33.14.25, 경도 126.17.21, 지표고도 80m

응회암 토르

응회암 퇴적층을 반영한 판상구조가 잘 드러나 있다.

2017.1.31. 오후 1:43, 위도 33.14.25, 경도 126.17.21, 지표고도 80m

66 사계리 하모리층

위치 서귀포시 안덕면 사계리/대정읍 하모리
☞ 올레길 10코스, 산방산·용머리해안 지질트레일 A코스

키워드 사람발자국화석, 송악산 응회환, 스멕타이트, 광해악현무암,
나마, 마린포트홀, 그루브

경관 해석

하모리층은 안덕면 사계리에서 대정읍 상모리와 하모리 해안에 걸쳐 분포하는 퇴적층이다. 이곳이 세상에 알려지게 된 것은 몇 년 전 이 퇴적층에서 **사람발자국화석**이 발견되었기 때문이다. 공식명칭으로는 '제주사람발자국화석과 동물발자국화석산지'인데 제주도 서귀포시 안덕면 사계리와 대정읍 상모리 일대에 위치하며 천연기념물(464호)로 지정되어 있다.

하모리층은 **송악산 응회환**이 만들어진 다음 이 화산체로부터 침식에 의해 떨어져 나온 화산성 모래 알갱이들이 주변 바닷가에 운반되어 쌓인 퇴적층이다. 하모리층의 생성시기는 이견이 있지만 최근 보고에서는 약 4,000년 전(손영관 외, 2015)으로 보고 있다. 이 시기는 송악산 응회암이 퇴적된 시기와 일치한다. 그런데 이 층에 존재하는 사람발자국화석의 생성시기에 대해서는 약 3,000~4,000년 전(연합뉴스 2015.10.5; 손영관 외, 2015), 약 6,000~7,000년 전(조등룡 외, 2005), 15,000년 전(김경수 외, 2006) 등으로 다양하게 보고되어 있고 그 논란은 지금도 진행 중이다. 문제는 최근 연구결과(손영관 외, 2015)가 맞다면 1만 년이 안 되는 하모리층의 사람발자국화석을 진정한 의미에서 화석으로 부를 수 없다는 점이다. 한동안 이와 관련된 논의는 계속될 것 같다.

하모리층은 퇴적된 시기에 비해 비교적 빠르게 암석 형태로 굳어졌고 상대적으로 거친 해양환경하에서도 그 원형이 잘 보존되고 있는 것이 특징이다. 이는 원래는 쉽게 변질되는 현무암질 화산유리로부터 형성된 **스멕타이트** 등의 2차침전물들이 교결작용을 일으켜 모래입자들을 강하게 결합시켰기 때문인 것으로 알려졌다(정기영 외, 2009).

하모리층의 기반암은 **광해악현무암**이다. 광해악현무암과 하모리층은 부정합으로 만나는데 이는 광해악현무암이 노출된 후 오랜 시간이 지나면서 침식이 진행된 다음 그 위에 하모리층이 쌓였기 때문이다. 극단적으로는 침식이 진행된 현무암 틈을 따라 모래입자들이 들어가 굳어짐으로 인해서 마치 현무암 자갈이 하모리층에 포획된 것처럼 보이는 경우도 있다.

하모리층은 지표로 노출된 후 다양한 화학적, 물리적 풍화작용에 의해 **나마**(gnamma)[1], **마린포트홀**, **그루브**(groove)[2] 등 여러 형태의 풍화미지형이 발달해 있다.

---

1. 나마 : 평탄한 기반암에 발달한 접시 모양의 구멍이다.

2. 그루브 : 경사진 기반암에 유수작용으로 만들어진 도랑 형태의 와지이다.

안덕면 사계리 쪽의 하모리층
이 해안은 올레길 10코스에 해당되며 뒤쪽 오른편에 산방산이, 왼편에 단산이 보인다.
2016.7.17. 오전 11:16, 위도 33.13.07, 경도 126.17.41, 지표고도 75m

대정읍 송악산 쪽의 하모리층 경관
안덕면 사계리와 대정읍 상모리 일대 해안 경관이다. 사람발자국 화석이 발견된 곳이기도 하다. 화석이 발견된 다음부터 이를 보호하기 위해 출입이 금지되어 있다. 바닷가 쪽 검은색 해변이 약 20만 년 전의 광해악현무암층이고, 오른쪽 갈색으로 나타나는 부분이 4,000년 전의 하모리층이다.
2016.7.17. 오전 11:14, 위도 33.13.12, 경도 126.17.41, 지표고도 60m

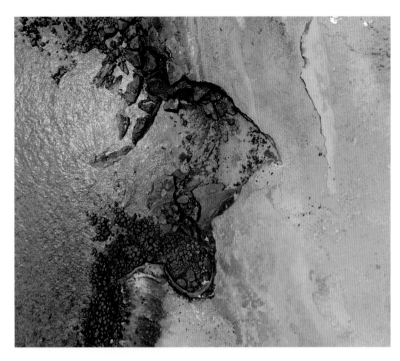

광해악현무암과 하모리층의 관계
광해악현무암이 먼저 퇴적되었고
그 위를 하모리층이 덮고 있다.
2016.7.17. 오전 11:15, 위도 33.13.10,
경도 126.17.41, 지표고도 60m

사계리 해안의 하모리층 조각들 1
하모리층은 비교적 얇기 때문에 이렇게 몇 개의 조각들로 나누어져 존재하는 경우가 많다.
2017.2.28. 오후 4:13, 위도 33.13.47, 경도 126.18.41, 지표고도 60m

사계리 해안의 하모리층 조각에 새겨진 그루브

사진에서 가장 왼쪽에 있는 하모리층 조각에는 해안과 수직 방향으로 그루브가 발달해 있다.

2017.2.28. 오후 4:15, 위도 33.13.44, 경도 126.18.37, 지표고도 40m

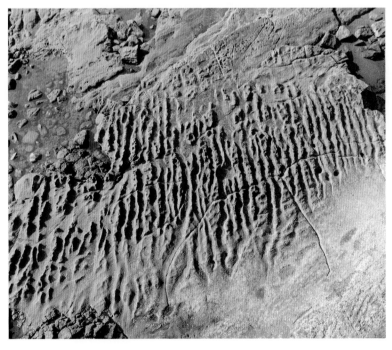

니질의 하모리층 조각에 새겨진 그루브

이 그루브는 순수한 침식작용의 결과라기보다는 이 퇴적층에 존재하던 연흔이 노출되어 침식을 받은 결과로 해석된다. 실제로 주변 퇴적층 속에서는 연흔이 발견된다. 연흔은 하모리층에서도 실트질(니질)층에서 발견된다.

2017.2.28. 오후 4:07, 위도 33.13.45, 경도 126.18.34, 지표고도 5m

사계리 하모리층에 발달한 마린포트홀

하모리층 해안은 만조 때 물에 잠기기도 한다. 그때 자갈이 파도에 의해 마식작용을 일으키면 이러한 크고 작은 구멍들이 만들어진다. 그러나 간조 때는 물 위에 드러나 일반적인 풍화작용도 받기 때문에 나마의 성격도 갖는다

2016.7.17. 오전 11:22, 위도 33.13.14, 경도 126.17.42, 지표고도 40m

사계리 해안의 하모리층 조각들 2

2017.2.28. 오후 4:08, 위도 33.13.45, 경도 126.18.35, 지표고도 20m

하모리층의 화산성쇄설물

아이패드 사진, 2016.4.4. 오후 4:24

광해악현무암과 하모리층의 관계 1

아이패드 사진, 2016.3.14. 오후 2:53

광해악현무암과 하모리층의 관계 2

광해악현무암 중에 하모리층 일부가 남아 있는 모습이다.

아이패드 사진, 2016.3.14. 오후 2:59

광해악현무암과 하모리층의 관계 3

하모리층 속에 광해악현무암이 묻혀 있는 모습이다.

아이패드 사진, 2016.3.14. 오후 2:57

67 형제섬

위치 서귀포시 안덕면 사계리
☞ 올레길 10코스, 산방산·용머리해안 지질트레일 A코스

키워드 무인도, 주상절리, 자갈해빈, 사력해빈

경관 해석

사계리 연안 약 2km 해상에 있는 작은 **무인도**다. 본섬과 옷섬 두 개의 섬과 여러 개의 암초로 구성되어 있다. 본섬과 옷섬이 서로 바라보는 형제 같다고 해서 형제섬이라는 이름을 얻었다. 썰물 때면 암초가 드러나서 섬의 수는 최대 8개까지 늘어난다.

해안에서 바라봤을 때는 덩그러니 두 개의 바위로 된 섬 같지만, 현장에 가 보면 생각보다 섬의 규모가 크고 **주상절리, 자갈해빈, 사력해빈** 등 다양한 미지형들이 관찰된다. 평균수심 15m 정도의 얕은 물속에도 다양한 암초들이 널려 있어 물고기들에게 좋은 서식처를 제공해 주고 있다. 제주의 대표적 바다낚시터 중 하나로 손꼽히는 것은 이 때문이다. 정기선이 없어 사계리 포구나 모슬포 항구에서 낚싯배를 전세 내야 갈 수 있고 약 15분 걸린다.

형제섬은 오랜 시간 동안 풍화와 침식이 진행되어 그 원지형을 복원해 보기는 쉽지 않다. 다만 일부 잔존지형에 남아 있는 용암류와 그 위의 암적색 분석층을 통해 이 섬도 일종의 이중화산체가 아니었나 하는 추측을 해 본다.

남동쪽에서 바라본 형제섬

형제섬은 본섬(오른쪽)과 옷섬(왼쪽)으로 구성되어 있다. 해안에서 볼 때는 옷섬이 본섬인 것 같은 착각을 하게 되지만 근접해서 관찰해 보면 옷섬은 본섬에서 떨어진 하나의 시스택 같은 느낌이다. 사진 왼쪽 뒤에 송악산이, 오른쪽 뒤에 모슬봉이 보인다.

2016.8.17. 오전 10:25, 위도 33.12.35, 경도 126.19.02, 지표고도 150m

북동쪽에서 바라본 형제섬

섬 자체의 규모는 작지만 다양한 지형요소를 갖추고 있다. 섬의 남동쪽으로는 기반암이 노출되어 있고 나머지 해안은 대부분 자갈해빈과 사빈으로 구성되어 있다. 이들 지형요소들을 구체적으로 연구해 보면 형제섬 자체의 근원과 함께 제주도 지형발달사를 새로운 관점에서 바라볼 수도 있을 것으로 보인다.

2016.8.17. 오전 10:22, 위도 33.12.43, 경도 126.18.50, 지표고도 100m

남쪽에서 바라본 형제섬

우측 본섬의 노출된 기반암과 좌측 옷섬의 공통점은 하부에 주상절리가 발달한 기반암이 있고 그 위에 검붉은 색의 분석이 쌓여 있다는 점이다. 이러한 특징은 형제섬 생성과정을 설명해 주는 단서가 될 수 있을 것으로 보인다.

2016.8.17. 오전 11:49, 위도 33.12.26, 경도 126.18.53, 지표고도 80m

옷섬 1

2016.8.17. 오전 11:47, 위도 33.12.29, 경도 126.18.54, 지표고도 115m

옷섬 2

2016.7.17. 오후 3:16, 위도 33.12.29, 경도 126.18.48, 지표고도 110m

형제섬 본섬

사진 뒤쪽 해안을 따라 왼쪽부터 모슬봉, 단산, 산방산이 늘어서 있는 모습이 인상적이다.

2016.8.17. 오전 11:51. 위도 33.12.31. 경도 126.18.53. 지표고도 70m

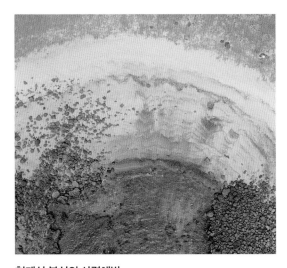

형제섬 본섬의 사력해빈

2016.7.17. 오후 31:19. 위도 33.12.38. 경도 126.18.47. 지표고도 110m

형제섬 본섬의 자갈해빈

2016.7.17. 오후 3:19. 위도 33.12.38. 경도 126.18.47. 지표고도 110m

68 송악산

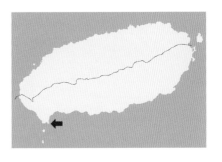

위치 서귀포시 대정읍 상모리
☞ 올레길 10코스, 산방산·용머리해안 지질트레일 A코스

키워드 단성복식화산, 응회환, 분석구, 용암연, 소분석구, 스코리아
마운드

경관 해석

송악산은 제주도 남서쪽 해안가에 솟아 있는 기생화산체이다. 다른 이름으로는 절울이오름이라고도 하
는데 이는 오름 절벽에 부딪치는 물결(절)이 크게 울린다고 해서 붙여진 이름이다.

송악산은 한 장소에서 4개의 뚜렷하게 연속된 화산단위가 관찰되는 복식화산이다. 화산단위는 결국
독립된 단성화산이므로 두 개념을 통합하면 **단성복식화산**이라고 할 수 있다(황상구, 2000; 이문원 외,
2001). 보통 이중화산으로 불리고 있는데 이는 4개의 화산단위 중 가장 뚜렷한 경관이 **응회환**과 **분석구** 2
개 지형단위이기 때문이다.

송악산을 복성화산이 아닌 복식화산으로 규정하는 것은 각 화산단위들의 형성시기가 다름에도 불구하
고 그 사이에 부정합이 발견되지 않기 때문이다. 즉 각 화산체 형성 사이에 휴지기가 없어 침식 및 퇴적작
용의 흔적이 발견되지 않고, 형성 순서대로 응회환(응회암층)→분석구→**용암연**(용암층)→**소분석구**[1](알오
름)가 연속적으로 누적되어 있다(황상구, 2000). 송악산의 기반이 되는 응회환화산체 암질은 조면암질안
산암이며, 용암연과 분석구는 조면현무암으로 되어 있다(이문원 외, 2001). 이들 관계는 동쪽 해안절벽에
서 잘 관찰된다.

해안절벽을 통해 관찰되는 용암연은 4~35m 두께로 퇴적되어 있는데 이러한 두께 변화는 용암이 퇴적
되기 전의 원지형 해자(moat)의 영향을 받았기 때문인 것으로 추정된다. 소분석구(알오름)는 약 20개 관
찰되는데 이들은 용암연 위에 형성되어 있다(황상구, 2000)는 것이다. 송악산 가운데 위치한 분석구는 정
상에 분화구가 있는 전형적인 스코리아콘이지만 주변 소분석구들은 분화구가 없는 **스코리아마운드**에 해
당한다.

현재는 생태계 복원을 위해 분석구 정상으로의 트레킹 코스는 폐쇄되어 있어, 송악산 둘레를 한 바퀴
도는 트레일 코스를 이용해야 한다.

---

1. 소분석구 : 분석구는 분화구가 있는 스코리아콘과 분화구가 없는 스코리아마운드로 크게 구분하는데 스코리아마운드는
일반적으로 스코리아콘에 비해 규모가 작기 때문에 소분석구로도 불린다. 알봉도 같은 의미다.

제주의 화구지형

① 분화구

직접적인 화산분화로 인해 형성된 화구지형으로 대부분의 화산체에 존재한다.

② 함몰화구

직접적인 화산활동보다는 지하 공동의 붕괴로 지표가 무너져내리면서 만들어진 와지를 말한다. 산굼부리는 과거 마르형 분화구로 알려졌지만 최근 연구에서는 함몰화구인 것으로 밝혀졌다.

③ 화구호

화구에 물이 고인 호수를 말한다. 원래 화구는 지질적 특성상 물이 고이기 어렵지만 화구 바닥에 불투수층이 존재하면 거대한 호수가 되기도 한다. 크게 복성화산의 화구호와 단성화산의 화구호로 구분된다. 전자에 해당되는 것이 백록담, 후자에 해당되는 것이 물영아리오름, 물장오리오름 등이다.

송악산 남쪽 상공에서 바라본 한라산과 산방산

바로 앞에 송악산 분석구의 분화구가 있고 바깥쪽으로는 응회환의 일부 윤곽이 보인다. 멀리 뒤쪽으로 산방산과 그 뒤에 더 멀리 한라산이 어렴풋이 보인다.

2016.4.9. 오후 1:15, 위도 33.11.53, 경도 126.17.21, 지표고도 100m

송악산 응회환과 분석구

대정읍 하모리 쪽에서 바라본 경관이다. 응회환 구조가 뚜렷하고 그 내부에 이중화산체로서 분석구가 자리 잡고 있다.

2016.4.9. 오후 1:47. 위도 33.12.02. 경도 126.16.55. 지표고도 110m

송악산 분화구

폭발성 분화에 의해 만들어진 거대한 분화구로 붉은색의 송이(분석)들이 쌓여 있다. 송이는 구멍이 많고 가벼운 것이 특징인데 이는 마그마가 지표의 얕은 곳에서 잠깐 멈출 때 공기와 섞이면서 뻥튀기한 것처럼 부풀어 오른 형태로 분출했기 때문이다. 이때 공기 중으로 갑자기 나온 용암 안의 철이 높은 온도에서 산소나 수증기와 산화반응을 일으키면서 붉은 색을 띠게 된 것이다. 이 분화구 일대는 말 방목장으로 이용된다.

2016.4.9. 오후 1:20. 위도 33.12.01. 경도 126.17.26. 지표고도 105m

송악산 이중화산체 1

동쪽 해안 상공에서 바라본 경관이다. 전체적으로 원형의 응회환과 그 안에 존재하는 분석구의 관계가 선명하게 관찰된다. 사진 앞쪽 해안절벽 위로는 작은 무덤 형태의 알봉이 있는데 이는 분화구가 없는 스코리아마운드이다. 해안절벽에는 하부 응회환 퇴적층과 현무암 용암연의 관계가 잘 나타난다.

2016.7.18. 오후 12:01, 위도 33.12.02, 경도 126.17.42, 지표고도 70m

송악산 이중화산체 2

단성복식화산체의 단면이 잘 나타나 있다. 단애면 하부에서 위쪽으로 응회환 퇴적층-용암호 용암층-소분석구-분석구 등이 차례로 나타난다. 이 단면을 통해 송악산이 어떤 과정으로 형성되었는지 추정해 볼 수 있다.

2016.7.18. 오후 12:04, 위도 33.12.03, 경도 126.17.39, 지표고도 -10m

69 하모리해안

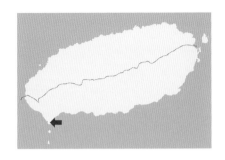

위치 서귀포시 대정읍 하모리
☞ 올레길 10코스

키워드 주상절리, 하모리층, 환상구조, 풍화각

경관 해석

제주도의 대표적 지형경관 중 하나인 **주상절리**를 빼놓고는 제주도 지형을 이야기할 수 없다. 대포주상절리대는 그중에서도 대표적인 지역인데, 사실 일반인들이 직접 가까이서 만져 보고 몸으로 체험해 보기는 쉽지 않다. 그러나 대정읍 하모리해안에 가면 이야기가 달라진다. 주상절리 자체의 규모만 놓고 보면 대포주상절리대에 견줄 바가 못 되지만 온몸으로 주상절리를 체험해 볼 수 있다.

특히 이곳은 제주의 젊은 퇴적층 중 하나인 **하모리층**이 전형적으로 나타나는 곳으로, 이 하모리층과 현무암 주상절리가 뒤엉켜 묘한 경관을 연출한다.

하모리해안

모슬포항과 송악산을 연결하는 해안도로 주변 풍경이다. 멀리 우측 뒤로 보이는 것은 모슬봉이다. 이 해안은 일반 관광객들이 거의 찾지 않는 곳이지만 지리학자의 눈으로 보면 제주의 지형발달사를 이해하는 데 매우 적합한 답사 지역이다.

2016.4.9. 오전 10:51, 위도 33.11.55, 경도 126.16.32, 지표고도 20m

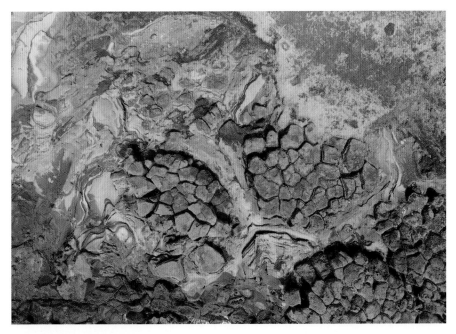

하모리해안의 주상절리 경관

드론의 장점 중 하나는 지형경관을 다양한 시점에서 초근접 촬영을 할 수 있다는 점이다. 사진에서 주상절리를 둘러싸고 있는 퇴적층이 바로 하모리층이다. 이곳에서는 단순한 주상절리 경관뿐만 아니라 주상절리를 만든 현무암질 용암과 이와 뒤섞여 있는 하모리층의 상호관계를 흥미롭게 관찰하고 설명할 수 있다.

2016.4.9. 오전 10:49, 위도 33.11.56, 경도 126.16.31, 지표고도 25m

주상절리와 환상구조

해바라기 모양의 환상구조 주상절리 경관이 한눈에 들어온다. 이는 용암이 보다 복잡한 환경에서 냉각되었음을 보여 준다. 이러한 주상절리의 평면적 특징은 이웃한 대정읍 신도리의 도구리알해안에서도 잘 관찰된다.

2016.4.9. 오전 10:45, 위도 33.11.56, 경도 126.16.32, 지표고도 30m

하모리층과 현무암의 관계

주상절리 암괴가 하모리층에 파묻혀 있는 듯한 경관이다. 이는 현무암이 형성되고 그 위에 하모리층이 퇴적되면서 주상절리 틈새로 하모리층이 파고 들어가서 굳어졌기 때문이다. 현무암 주상절리 단면에서는 환상의 풍화각(weathering crust)도 관찰된다. 이는 공기나 물과 접촉한 부분부터 풍화작용이 시작되어 내부로 진행되고 있음을 보여 주는 좋은 증거다.

2016.4.9. 오전 10:48, 위도 33.11.56, 경도 126.16.31, 지표고도 25m

70 가파도

위치 서귀포시 대정읍 가파리

☞ 올레길 10-1코스

키워드 유인도, 조면안산암, 심층풍화층, 구상풍화, 핵석, 토르, 타포니

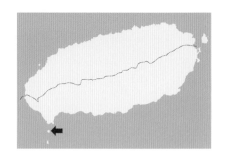

경관 해석

모슬포 앞바다 약 5.5km 해상에 손에 잡힐 듯이 떠 있는 작은 섬이다. 모슬포항에서 15분, 마라도와 모슬포항 중간 지점이다. 제주의 부속섬 중 네 번째로 큰 섬이기는 하지만 해안선 길이가 약 4km에 지나지 않아, 걸어서 1시간 30분 정도면 섬을 한 바퀴 돌 수 있다.

최고 해발고도가 고작 25m로 구릉이나 해안절벽이 거의 없는 평탄한 섬으로 제주의 **유인도** 중에서는 가장 낮은 섬이다. 섬 전체가 전복을 엎어놓은 덮개 모양이라는 뜻에서 개도(蓋島), 개파도(蓋波島)로도 불리는데(한국학중앙연구원, 2016) 가파도라는 지명도 이와 관련이 있는 것으로 보인다. 섬 주변에는 암초가 많고 물살이 빨라 선박들이 자주 재난을 당하곤 했다.

2014년 현재 245명의 주민이 농업과 관광업에 종사하며 살고 있다. 그러나 이들도 365일 가파도에서 지내는 것은 아니며 제주 본섬에 근거지를 두고 왕래하는 경우가 많다고 한다. 주민들은 섬의 북쪽(상동)과 남쪽(하동) 두 군데로 나뉘어 거주하고 있다.

조선 중기까지 무인도였다가 1751년 소를 방목하기 시작하면서 사람이 들어와 살기 시작했다(한국학중앙연구원, 2016). 원래 고구마와 보리가 주로 재배되었지만 고구마는 경제성이 없어 점차 사라지고 지금은 보리가 주 작물이 되어 있다. 매년 4~5월이면 청보리축제가 열리고 연중 이때 가장 많은 여행자들이 몰린다.

가파도의 기반암은 **현무암질 조면안산암**(basaltic trachyandesite)으로 약 80만 년 전 육지환경하에서 형성된 것으로 알려졌는데 이는 산방산 조면암과 대비된다(고기원 외, 2010). 조면안산암은 조면암과 안산암의 중간적 성질을 가진 암석으로 미립질이며 용암 또는 작은 관입암체로 산출된다(한국지리정보연구회, 2012).

가파도는 전체적으로는 지형경관이 단순하지만 국지적으로는 아주 특이한 모습을 보이기도 한다. 특히 섬 서쪽 해안으로는 보통의 화산암과는 달리 화강암 지역의 전형적인 풍화 양상을 보이고 있어 주목된다. 이곳에 가파도에서는 다소 높은 절벽지대가 있는데 여기에 **심층풍화층**이 드러나 있고 내부에는 **구상풍화**가 진행된 핵석이 다수 존재한다. 인근 해안에는 전형적인 탑형 **토르**가 해안의 기반암 위에 노출되어 있기도 하다.

가파도는 화산섬이지만 화산지형보다는 풍화지형이 더 특징적인 섬이다.

가파도 전경

가파도 남동쪽 상공에서 바라본 경관이다. 우측 멀리 상동항이 있고 좌측에는 우리나라 최남단 포구인 하동 황개포구가
있다.

2017.2.28. 오전 9:46, 위도 33.10.05, 경도 126.17.00, 지표고도 145m

황개포구와 뒷성

가파도 남쪽의 황개포구 앞에 가면 동서로 길게 놓인 바위가 있는데 주민들은 이를 뒷성이라 부르고 이 바위를 의지해서
황개포구를 만들었다. 이 뒷성에 특히 돌출된 바위를 까마귀돌이라고 한다. 1974년 제주해운국의 한 직원이 작업차 이
바윗돌에 올라간 사흘 후 가파도에 풍랑이 크게 일었다는 일화가 전해진다(국립민속박물관, 2009).

2017.2.28. 오전 10:21, 위도 33.09.51, 경도 126.16.38, 지표고도 130m

가파도 북동부 상동항 풍경

우측에 보이는 항구가 가파도 관
문인 상동항이다. 상동항에 내리
면 해안일주도로를 따라 한바퀴
돌든지 아니면 마을 한가운데로
진입하여 청보리밭 사이 올레길을
걷든지 두 가지 중 하나를 선택해
야 한다. 물론 해안일주도로를 돌
다가 중간쯤에서 청보리밭길로 들
어서는 방법도 있다.

2016.4.20. 오전 9:53, 위도 33.10.30,
경도 126.16.27, 지표고도 50m

가파도 북서부 해안 풍경

해안으로는 일주도로가 이어지고 내륙으로는 청보리밭이 가득 펼쳐진다.

2016.4.20. 오전 9:52. 위도 33.10.18. 경도 126.16.07. 지표고도 50m

넙개 등표

넙개는 가파도에서 동쪽으로 1.5km 떨어진 해상에 있는 암초다. 사진 뒤쪽 멀리 보이는 것이 가파도다. 일반적으로 넙개로 불리지만 해도상에서의 공식명칭은 광포탄등표로 되어 있다. 낚시꾼들에게는 감성돔 낚시터로 알려진 명소다.

2017.2.28. 오전 10:45. 위도 33.10.21. 경도 126.17.30. 지표고도 5m

가파도 남쪽 해안 풍경

가파도 남쪽 해안에서 황개포구 쪽을 바라본 풍경이다. 가파도 주변 대부분은 수심이 얕고 암초가 많은데 특히 남쪽 해안이 더 그렇다. 이들은 원래의 가파도가 침식되고 축소되는 과정에서 남은 흔적인 것으로 보인다.

2017.2.28. 오전 11:19. 위도 33.9.42. 경도 126.16.14. 지표고도 3m

가파도 동쪽 해안의 자갈해빈과 환해장성

가파도는 전반적으로 얇은 띠 모양의 자갈해빈이 섬 전체를 둘러싸고 있다. 이들 자갈은 해안의 환해장성을 쌓는 데도 이용되었다.

2017.2.28. 오전 10:17, 위도 33.10.23, 경도 126.16.30, 지표고도 80m

현무암질 조면안산암 풍화층과 핵석

가파도 서쪽 해안으로는 동쪽보다 약간 높은 소규모 절벽지대가 나타나고 여기에는 전형적인 심층풍화 노두가 발달해 있다. 풍화층 속에는 구상풍화된 핵석들이 다수 발견된다. 화산암 지역에서는 보기 드문 현상이다.

2017.2.28. 오전 11:40, 위도 33.10.02, 경도 126.16.04, 지표고도 10m

화산암 토르 1

가파도 북서해안에 발달한 노두다. 구상풍화가 진행된 핵
석이 노출된 전형적인 심층풍화 기원의 토르다.

2017.2.28. 오후 12:09. 위도 33.10.19. 경도 126.15.59. 지표고도 1m

화산암 토르 2

바다와 등진 토르 블록에서는 타포니 현상이 관찰된다. 이
러한 현상만 놓고 보면 화강암 지역의 풍화 양상을 보는
듯한 착각을 하게 될 정도다.

2017.2.28. 오후 12:08. 위도 33.10.19. 경도 126.15.58. 지표고도 1m

구상풍화

황개포구 인근 해안의 노출된 기반암에 나타나는 풍화
현상이다. 암석의 구조나 풍화 양상이 화강암 지대와 많
이 닮았다.

2017.2.28. 오전 10:28. 위도 33.10.04. 경도 126.16.42. 지표고도 3m

제주의 풍화지형

구분	대표 지역
구상풍화	70.가파도
심층풍화	70.가파도
핵석	70.가파도
토르	02.당산봉과 생이기정해안, 41.섶섬, 42.소천지, 64.산방산, 65.단산, 70.가파도, 71.마라도
타포니	02.당산봉과 생이기정해안, 41.섶섬, 42.소천지, 70.가파도
나마	53.냇길이소, 66.사계리 하모리층
그루브	66.사계리 하모리층
암괴류	64.산방산

71 마라도

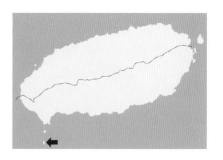

위치 서귀포시 대정읍 마라리
☞ 올레길 10-1코스

키워드 안산암, 해안단구, 직선해안, 해식동, 시아치, 해식와지, 해식애, 토르

경관 해석

국토 최남단의 섬이다. 일반인들에게는 '짜장면 섬'으로 익히 알려져 있다. 모슬포에서 약 30분이면 닿는다. 섬 자체는 크지 않지만 국토의 상징성, 특이한 지형경관, 제주도 조망경관의 특이성 등에서 매력이 있어 연중 여행자들이 끊이질 않는다.

마라도의 지질은 톨레이아이트(tholeiiti)질 **안산암**(antesite)으로, 그 형성시기는 명확히 밝혀지지 않았지만 약 26만~15만 년 전 육상환경하에서 형성된 것으로 추정한다(고기원 외, 2010). 톨레이아이트는 현무암의 유형 중 하나로 알칼리 성분이 적고 이산화규소를 많이 함유하고 있으며, 안산암은 중성화산암을 총칭하는 것으로 이산화규소가 60% 이상을 차지한다. 안산암은 현무암 다음으로 흔한 화산암이다.

마라도는 지형학적으로 전형적인 **해안단구**와 다양한 해안침식지형들을 관찰할 수 있는 곳이다. 마라도 해안은 고구마처럼 남북으로 긴 형태를 띠고 있는데 크게 보면 서부는 굴곡해안, 동부는 **직선해안**의 특징을 보인다. 서부 굴곡해안은 침식작용이 활발하여 **해식동, 시아치, 해식와지** 등 다양한 해안침식지형이 발달해 있고, 동부 직선해안은 수직에 가까운 **해식애**가 절벽을 유지하고 있다.

마라도의 대표적 경관 중 하나는 해식애와 해식동굴군이다. 섬의 규모에 비해 거대한 동굴들이 절벽해안을 따라 발달해 있는데 그 수는 대략 24개 정도로 알려져 있다. 동굴지대는 북동부 살레덕선착장 해안, 남동부 등대 해안, 서부 대문바위 해안 등 세 곳으로 구분된다(한국콘텐츠진흥원, 2009).

북동부 상공에서 바라본 마라도 전경

마라도는 전체적으로 동고서저의 기복 특징을 보이지만, 더 자세히 보면 동쪽과 서쪽 해안은 수직절벽이 발달했고 남쪽
과 북쪽은 비교적 완만한 경사지가 나타난다.

2017.3.1. 오전 10:36, 위도 33.07.26, 경도 126.16.25, 지표고도 80m

남동부 상공에서 바라본 마라도
2017.3.1. 오전 10:40, 위도 33.06.39,
경도 126.16.17, 지표고도 90m

남서부 해상에서 바라본 마라도
수심이 비교적 얕은 해역에서 근해
어업이 이루어지고 있다.
2017.3.1. 오후 1:26, 위도 33.06.35,
경도 126.16.03, 지표고도 30m

남서부 상공에서 바라본 마라도
2017.3.1. 오후 1:32, 위도 33.06.40,
경도 126.16.00, 지표고도 140m

북서부 해안의 해식애와 해안단구

전형적인 해안단구를 관찰할 수 있는 곳이다. 해안 쪽에는 수직의 해식애, 파식대, 해식동, 시아치 등 다양한 해안침식지형들이 발달해 있다. 사진 앞쪽에 마라도의 명물 대문바위가 있다.

2017.3.1. 오후 12:55, 위도 33.07.02, 경도 126.15.52, 지표고도 40m

대문바위

사람들에 따라서는 남대문바위, 코끼리바위 등으로 불리기도 한다. 해식동굴이 관통되어 만들어진 전형적인 시아치 경관이다.

2017.3.1. 오후 12:54, 위도 33.07.03, 경도 126.15.54, 지표고도 −5m

마라도 북동부 해안

마라도의 관문인 살레덕선착장이 있는 곳으로 이곳으로부터 남쪽으로 가면서 사진에서처럼 직선해안과 수직의 단애가
발달해 있다.

2017.3.1. 오전 10:33, 위도 33.07.19, 경도 126.16.11, 지표고도 20m

해식동

살레덕선착장 인근의 해식동굴
군이다. 이 해식동들은 지옥문
으로 불리고 있는데 3개의 큰 동
굴이 연이어 발달해 있다. 마라
도에 도착하면서 가장 먼저 눈
에 들어오는 풍경이다.

2017.3.1. 오전 10:44, 위도 33.07.17,
경도 126.16.11, 지표고도 5m

마라도 남동부 해안 1

마라도 남동부지역은 서부지역에 비해 직선해안이 발달해 있고 이들 해안은 수직절벽을 형성하고 있는 것이 특징이다.

2016.5.11. 오후 2:33, 위도 33.06.49, 경도 126.16.08, 지표고도 50m

마라도 남동부 절벽해안

수직절벽해안은 칼로 자른 듯이 직선해안을 이루고 있는데 절벽 아래로는 폭이 좁은 자갈해빈이 해안선을 따라 이어져 있다.

2016.5.11. 오후 2:34, 위도 33.06.52, 경도 126.16.10, 지표고도 65m

수직단애상의 구아노

이 절벽은 가마우지 같은 바닷
새들의 쉼터다. 오랜 세월 동안
새의 배설물이 바위에 착색되어
흰 바위처럼 보인다.

2017.3.1. 오전 11:12, 위도 33.07.02,
경도 126.16.15, 지표고도 2m

마라도 남동부 해안 2

살레덕선착장에서 시작된 직선의 단애가 끝나는 지점이다. 지형은 완만해지면서 암석해안으로 이어진다. 사진의 오른쪽
으로 가면 절벽 위에 이 해안의 명물인 장군바위가 서 있다.

2016.5.11. 오후 2:33, 위도 33.06.49, 경도 126.16.08, 지표고도 5m

장군바위 1

마라도 남동부 해안의 랜드마크 지형이다. 주민들은 이 바위를 신성시 여겨 바위 위로 올라가지 못하도록 하고 '신선하르
방제'라고 해서 마을의 안녕을 비는 제를 올려 왔다(국립민속박물관, 2009). 전형적인 토르 경관이다.

2017.3.1. 오후 1:20, 위도 33.06.48, 경도 126.16.07, 지표고도 10m

장군바위 2

2017.3.1. 오후 1:21, 위도 33.06.48, 경도 126.16.07, 지표고도 15m

72 도구리알해안

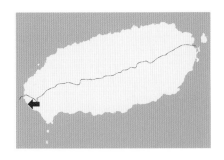

위치 서귀포시 대정읍 신도리

☞ 올레길 12코스

키워드 조수웅덩이, 환상구조, 주상절리, 파식대

경관 해석

도구리알해안은 올레길 12코스 중 신도리 해안의 **조수웅덩이**들이 모여 있는 암석해안을 말한다. 도구리알은 도구리와 알이 합쳐진 말로 도구리는 말이나 돼지의 여물통, 알은 아래라는 뜻이다. 풀이하자면 '도구리 모양의 웅덩이들이 있는 아래쪽 해안'이 된다. 이곳에는 도구리를 닮은 조수웅덩이들이 여럿 모여 있다. 일종의 천연의 돌도구리로서 1개의 큰도구리와 3개의 작은도구리로 구분한다. 제주에서는 돌로 된 도구리를 돗도구리라고 하므로 엄밀히 말하자면 '돗도구리알'이라고 해야 할 것이다.

이곳 도구리 조수웅덩이들은 거대한 **환상구조**[1]의 **주상절리**들이 차별침식되어 만들어진 웅덩이에 바닷물이 들어와 고인 것들이다. 현재 환상구조는 작은도구리에서 더 뚜렷하게 관찰된다. 도구리는 이 마을의 선녀전설이 서려 있는 곳이다. 큰도구리는 전설 속의 선녀들이 해산물을 저장하던 곳이었고 작은도구리는 목욕장소로 이용했다고 한다.

도구리들이 발달한 일대는 전형적인 **파식대** 지형으로 크게 상, 하 2단의 구조로 되어 있다. 상단은 융기파식대, 하단은 현성 파식대로 보인다. 융기파식대에는 다양한 형태의 타포니들이 형성되어 있고 하단 파식대에는 다수의 도구리들이 연이어 발달해 있다.

---

1. 환상구조 : 어떤 지형경관을 공중에서 내려다봤을 때 그 평면형태가 환상으로 보이는 구조를 말한다. 상당히 포괄적인 개념으로서 1차적 원인은 그 지역 기반암이 가지고 있는 환상의 구조이며 여기에 2차적인 차별풍화 및 차별침식이 진행되어 발달한다는 개념이다. 도구리알해안에는 용암이 돔 형태로 분출하는 과정에서 나타나는 환상구조가 발달했고 이 환상구조를 따라 풍화와 침식이 차별적으로 진행되어 웅덩이 형태의 미지형이 형성되었다. 이 웅덩이는 조간대에 위치하고 있기 때문에 일종의 조수웅덩이가 된 것이다.

도구리알해안

도구리알해안에는 상, 하 두 단의 파식대가 존재한다. 도구리는 이 중 하단 파식대에 발달해 있다. '도구리가 있는 아래쪽 해안'이라는 뜻의 '도구리알' 지명이 아주 잘 어울린다. 사진의 오른쪽에 큰도구리가 있고 왼쪽으로 작은도구리들이 늘어서 있다.

2017.2.13. 오후 1:20, 위도 33.16.24, 경도 126.10.16, 지표고도 120m

큰도구리 1

약 2m 높이의 파식대상에 거대한 물웅덩이가 만들어졌다. 다소 높은 곳에 위치하기 때문에 다른 지역의 조수웅덩이처럼 만조의 영향을 직접 받는다기보다 하부에서 용출되는 물과 파도가 칠 때 넘어오는 물이 고여 있는 형태다. 평면형태가 하트 모양이지만 전체적으로 거대한 환상구조를 기반으로 형성되었다.

2017.2.13. 오전 10:17, 위도 33.16.22, 경도 126.10.17, 지표고도 135m

큰도구리 2

이 포인트에서 보면 환상구조가 좀 더 명확히 관찰된다.

2017.2.13. 오전 10:53, 위도 33.16.22, 경도 126.10.21, 지표고도 130m

작은도구리 1

전체적으로 주상절리가 발달해 있지만 이곳의 지형을 지배하는 것은 주상절리 자체보다는 환상구조다. 주상절리가 동심원으로 배치됨으로 인해 차별침식에 의한 원형의 물웅덩이가 형성된 것이다. 특히 사진 오른쪽을 보면 2겹의 환상구조가 눈에 확 들어온다. 이런 경관으로 보아 이곳은 원래 돔 형태의 용암이 분출한 것으로 추정된다.

2017.2.13. 오후 1:11. 위도 33.16.24. 경도 126.10.18. 지표고도 135m

작은도구리 2

이 사진에서는 3중 환상구조가 관찰된다. 주상절리는 이들 환상구조 바깥쪽에서 분명한 모습을 보여 준다.

2017.2.13. 오전 10:45. 위도 33.16.24. 경도 126.10.17. 지표고도 135m

참고문헌

가키 블로그, 2016, http://blog.naver.com/moseungho.

하늘에서 본 한국의 유산, 2017, http://blog.naver.com.

고기원·박준범, 2010, 제주도의 지질과 화산활동에 관한 연구(Ⅱ): 가파도와 마라도 화산암류의 암석화 및 40Ar/39Ar 절대연대, 자원환경지질, 43(1), 53~66.

고려대학교 미래국토연구소, 2013, 경관 그리고 지리학의 시선, 푸른길.

고정선·윤성효·김석연, 2007a, 제주도 섭지코지 선돌 분석구의 화산작용과 현무암, 한국지구과학회지, 28(4), 462~477.

고정선·윤성효·정은주, 2007b, 제주도 성산일출봉 일대 현무암에 대한 암석학적 연구, 한국지구과학회지, 28(3), 324~342.

고정선·윤성효·현경봉·이문원·길영우, 2005, 제주도 우도 단성화산의 현무암에 대한 암석학적 연구, 한국암석학회지, 14(1), 45~60.

국립민속박물관, 2009, 한국민속신앙사전; 마을신앙 편.

국방부, 2016, 항공촬영 승인업무 공지사항.

국토지리정보원, 2015, 한국지명유래집(전라·제주편), 진한엠앤비.

권동희, 2012, 한국의 지형, 한울아카데미.

권동희, 2016, 지리학에서의 드론사진 활용, 한국사진지리학회지, 26(4), 1~18.

김경수·김정률, 2006, 남제주 사람 발자국 화석을 포함한 지층의 층서와 지질 연대에 대한 고찰, 한국지구과학회지, 27(2), 236~246.

김용순·최성희, 2012, 제주 남원지역의 태흥리 현무암에 포획되어 있는 사장석 단괴에 대한 성인 연구: 쏠라이트 계열의 화성활동에 대한 고찰, 지질학회지, 48(4), 313~324.

김인수·이동호, 2000, 제주도 서귀포층과 서귀포조면암층 노두의 자기층서와 대자율, 지질학회지, 36(3), 163~180.

김태호, 2009, 제주도 산지습지의 지형특성, 한국지형학회지, 16(4), 35~45.

도서출판 세화, 2001, 화학대사전.

박명호·김지훈·서광수, 2005, 제주도 동부지역 제4기 신양리층의 지화학적 특성, 지질학회지, 41(1), 19~33.

배성지·유재형·정용식·양동윤·한 민, 2016, 무인항공기반 태안반도 방포해안의 지형분석, 한국지형학회지, 23(1), 117~128.

연합뉴스, 2015.10.5 기사('손영관 외, 2015사람발자국퇴적층하부의 테프라 유리 조성 연구, Journal of Archaeological Science 10월호' 내용 소개).

윤석훈·조성권, 2006a, 제주도 서귀포층의 퇴적상과 퇴적환경, 지질학회지, 42(1), 1~17.

윤석훈·이병결·손영관, 2006b, 제주도 서귀포 하논 화산의 지형지질학적 특성과 형성과정, 지질학회지, 42(1), 19~30.

윤성효·이문원·진명식·안웅산, 2010, 제주도 지질공원, (사)제주화산연구소.

윤정수·고기원, 1994, 제주도 연안 해빈퇴적물의 계절적 변화에 관한 연구, 한국지구과학회지, 15(1), 46~59.

이강원·손호웅·김덕인, 2016, 드론(무인기)원격탐사 사진측량, 구미서관.

이문원·원종관·윤성효·이인우·김성규·황 상, 2001, 제주도 송악산 단성화산의 암석학적 진화, 한국암석학회지, 10(1), 13~26.

이윤화, 2005, 한국 서·남해안의 갯벌 지형 연구, 경북대학교 대학원 박사학위논문.

이진수, 2014, 제주도 우도 화산섬의 서브알칼리 현무암의 지화학적 특징에 대하여, 자원환경지질, 47(6), 601~610.

이희영·이정우, 2015, 드론촬영입문, 커뮤니케이션북스.

장광화·박준범·권설택, 1999, 제주 화산도의 조면암류에 대한 암석기재 및 광물화학, 지질학회지, 35(1), 15~34.

장성기·백옥희, 2016, 드론 새로운 세상을 만나다, 크라운출판사.

정기영, 2009, 제주도 신양리층에서 산출하는 Motukoreaite와 Quintinite, 한국광물학회지, 22(4), 307~312.

정기영·손영관, 2009, 제주도 홀로세 하모리층이 현무암질 유리변질과 고화작용, 지질학회지, 45(4), 331~344.

제주도, 2013, 섶섬 문섬 범섬 관광안내 표지판.

제주도세계지질공원, 2016, geopark.jeju.go.kr.

제주사람발자국화석과 동물발자국화석산지 현장 표지판, 2016.

제주특별자치도, 2016a, 제주도 지질공원.

제주특별자치도, 2016b, 제주가 태어나기까지.

조등룡·박기화·진재화·홍 완, 2005, 제주도 하모리층에 발달하는 사람 발자국의 형성시기, 암석학회지, 14(3), 149~156.

지광훈·김태호·장동호·이성순, 2010, 위성에서 본 한국의 화산지형, 한국지질자원연구원.

진명식·최현일·신홍자·장세원·조경남·길영우·김복철, 2013, 개정판 한국의 지질노두, 한국지질자원연구원.

편석준·최기영·이정용, 2015, 왜 지금 드론인가, 미래의 창.

퓨쳐리스트 스피커 토마스 프레이, 2016, http://www.futuristspeaker.com/2014/09/.

하논분화구 안내관, 2017.

한국지구과학회, 2009, 지구과학사전, 북스힐.

한국지리정보연구회, 2012, 자연지리학사전, 한울아카데미.

한국지질자원연구원, 2016, 제주도 지질여행.

한국콘텐츠진흥원, 2009, 문화원형백과.

한국학중앙연구원, 2016, 한국민족문화대백과.

한국학중앙연구원, 2017, 한국향토문화전자대전(디지털서귀포문화대전).

해양수산부, 2017, 연안포털무인도서정보.

허남국·우경식·홍 완, 2012, 제주도 우도 부근의 홍조단괴를 이용한 고수온과 단괴 성장률 추정: 고환경 복원에 대한 예비 연구 결과, 지질학회지, 48(4), 285~297.

환경부, 2016, 자연과 하나되는 여행 생태관광.

황상구, 1993, 牛島 噴火 口에서의 一輪廻 火山過程, 광산지질(자원환경지질), 26(1), 55~65.

황상구, 1998, 제주도 당산봉 화산의 화산과정, 암석학회지, 7(1), 1~14.

황상구, 2000, 제주도 송악산 응회환 분석구 복합체의 화산형태, 지질학회지, 36(4), 473~486.

황상구, 2001, 제주도 당산봉 화산의 형태적 분류, 지질학회지, 37(1), 71~82.

EBS, 2009, 하나뿐인 지구, 한반도 최후의 화산섬 비양도

Heiken, G.H., 1971, Tuff rings: examples from the Fort Rock–Christmas Lake Basin, southcentral Oregon, J.Geophys.Res., 76, 5615~5626.